DK窥探大自然

脚下隐藏的世界

[英]杰基·斯特劳德　[英]马克·雷德米尔-戈登　著
唐文嘉　绘
宁　建　译

浙江教育出版社·杭州

为什么我们需要土壤？

刚刚采摘的新鲜蘑菇和蔬菜上常常带有泥土，这些食物是通过吸收土壤中储存的养分和水生长的。土壤还有许多其他重要的作用，例如支撑房屋和过滤流经土壤的水。

如果没有土壤吸收雨水，过量的雨水就有可能导致洪水泛滥。

土壤吸收雨水。

动物释放二氧化碳。

过滤水

土壤是地球上最大的滤水器。当水流过土壤时，土壤中的小孔隙会捕获水中的杂质。土壤还吸收水中的某些有害物质。

消灭废物

土壤中的微生物利用有机废物，将它们分解成养分，这些养分可以帮助植物生长。

拯救地球

二氧化碳是一种温室气体，也就是说，如果空气中的二氧化碳含量高了，就会导致地球的温度上升。而土壤可以储存碳，就是二氧化碳中的碳，因此保护土壤可以减少空气中的二氧化碳，有助于减缓全球气候变暖。

树叶释放氧气。
地基
如果房子的一部分地基开始下沉，房子就会出现裂缝。

人们在建造房屋时会将地基建造在土壤中。如果土壤不稳定，地基就可能松动，房屋就可能会开始下沉。

食物

很多动物都是食草动物，它们以在土壤中生长的植物为食，而有些动物则需要吃食草动物才能生存。

草地

草地长满了草，它们是可以吸收二氧化碳并且释放氧气的植物。土壤为植物的根奠定了坚实的基础，并且提供植物生长所需的养分和水。

植 物

植物将二氧化碳转化为含固态碳的糖类，作为养分，使其叶子和根生长。当植物死亡后，它们所含的碳就会变成土壤的一部分。

锁住碳

二氧化碳是以气态形式存在的，但是其中的碳也可以以固态形式存在。树木中有固态碳，当树木腐烂后，其中的一部分碳就会释放到土壤中，另一部分会转化为空气中的二氧化碳。我们将一些树木制成家具，使它们长时间不腐烂，实际上是将碳长时间锁住！

轻轻地踩

我们在潮湿的土壤上驾驶车辆或行走时，气体就会被挤压出土壤，导致空气中含有更多的一氧化二氮和甲烷，这些都是温室气体。

植物用根部的有机物喂养土壤微生物。

大气层是包围地球的一层气体。

全球变暖

土壤有助于地球保持一个适当温度，既不太热，也不太冷。土壤会产生温室气体。如果这些气体被释放到空气中，就会加快气候变暖。我们可以用科学的方法帮助土壤吸收部分温室气体，而不是释放到空气中。

制作透气的堆肥

大多数一氧化二氮和甲烷是在没有足够氧气的情况下，由微生物产生的。因此在制造堆肥时需要混入大量的干树叶、树枝和其他材料，使空气容易进入，供微生物呼吸。

科学地耕作

农民犁地是为了杀死杂草。犁地也会打散土壤，从而释放养分来帮助种子生长。然而过度犁地会破坏土壤结构，释放温室气体。很多农民选择适当地减少犁地，从而减少温室气体的释放。

大气层被阳光加热。

温室气体

地球正在升温，这将会导致更多火灾、干旱和洪水。我们称这种现象为全球气候变暖。导致全球气候变暖的三种主要温室气体是二氧化碳、一氧化二氮和甲烷 。

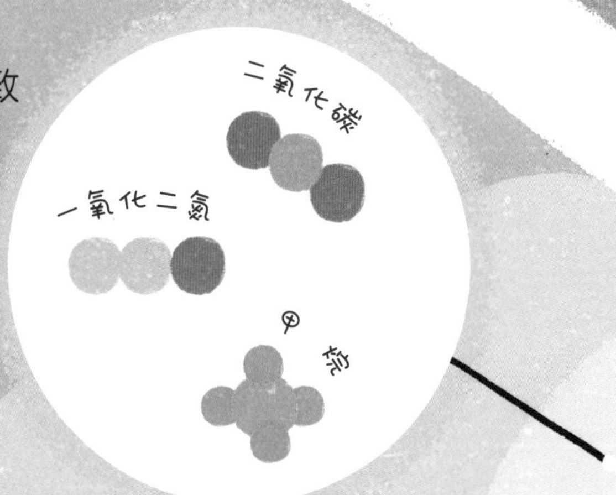

土壤的成分

土壤由各种成分组成，就像蛋糕一样由各种原料混合而成。土壤中的4种主要成分是矿物质、水、空气和有机物。有机物是生命产生的物质基础，所有的生命体都含有机物，生物死亡后也遗留下有机物。这些成分的不同组合构成了各种类型的土壤。

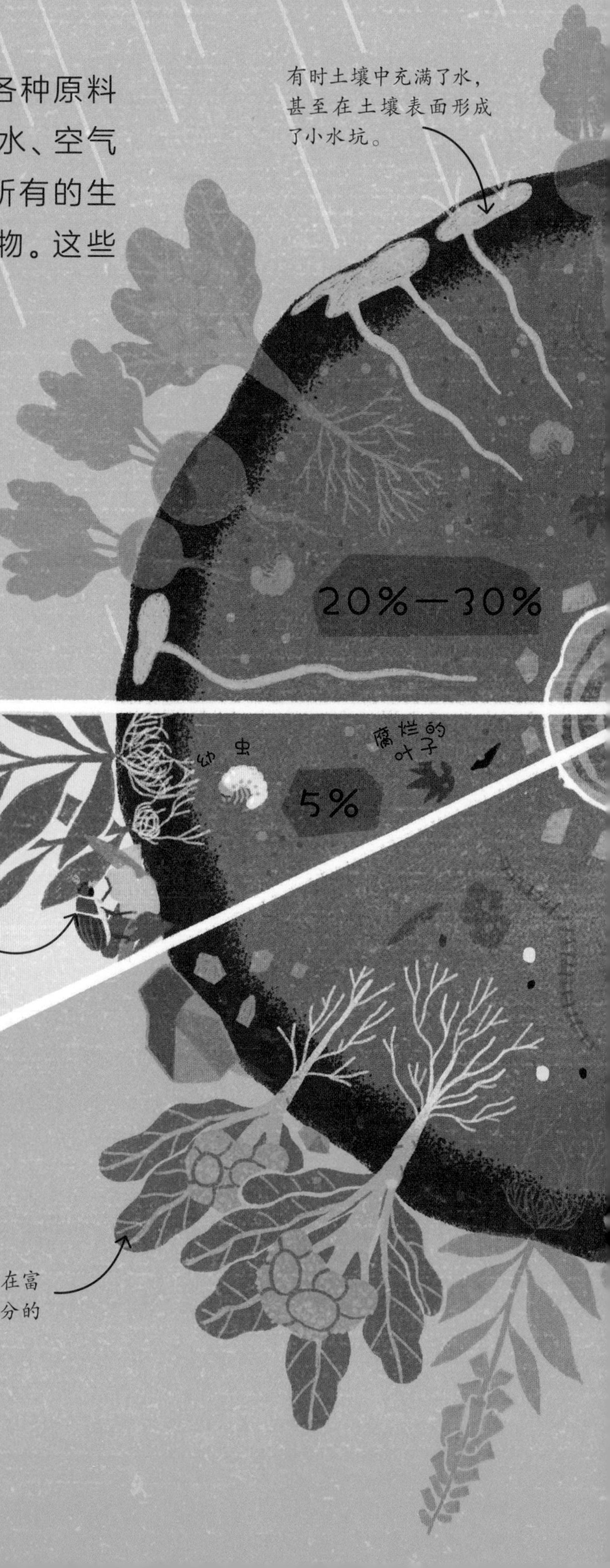

有时土壤中充满了水，甚至在土壤表面形成了小水坑。

水

下雨以后，雨水会渗入土壤，溶解其中的矿物质和养分，形成土壤溶液。大部分水会通过洞穴和裂缝流走，但是有些水会留在土壤微粒之间孔隙中。

20%—30%

有机物

活的根和无数土壤生物，包括微小的真菌和爬虫类，都是有机物。有机物也包括死亡的动物和植物，例如腐烂（被分解）的叶子。

幼虫

腐烂的叶子

5%

甲虫在土壤中产卵，卵孵化成幼虫。

叶子需要6到12个月才能被分解。

西兰花喜欢在富含水分和养分的黏土中生长。

在过于潮湿的土壤中，原本透气的空间充满了水。
蜈蚣通过身体上的毛孔来呼吸空气。
20%—30%
甲虫在地下出生，它们在那里需要呼吸空气。

空气

生物需要空气和水才能生存。空气通过裂缝、洞穴和孔隙进入土壤。最适合生物生存和生长的土壤有几乎相等的空气含量和水含量。

基岩
45%
黏土
沙
淤泥
芜箐喜欢在松散的沙质土壤中生长。
土壤矿物质是地面上的岩石和基岩被磨损而掉下来的微小颗粒。
沙粒比黏土微粒大1000倍。

矿物质

矿物质是一种天然存在的晶态固体。土壤中的沙、淤泥和黏土等都是微小的颗粒状矿物质。有些植物喜欢在沙质土壤中生长，而有些植物更喜欢在含有大量黏土微粒的土壤中生长。

土壤层

形成土壤层需要数千年的时间，这个时间长度比人类的寿命长很多。土壤的厚度可以深达50米。

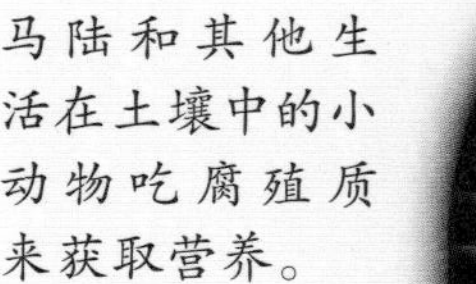

马陆和其他生活在土壤中的小动物吃腐殖质来获取营养。

腐殖质层

土壤的最上层被称为腐殖质层。这层黑色土壤的主要成分是已经腐烂、被分解的死亡生物。

淋溶层

如果你曾经在土表下播种，你就可能看见过褐色的淋溶层。淋溶层是大多数土壤动物的栖息地。淋溶层由死亡的生物、矿物质和小石块混合构成。

淀积层

从淋溶层向下深挖，你就会挖到浅色的淀积层。这里有树根，也有被雨水从土壤表层淋滤下来的矿物质和其他物质。

矿石

绿柱石

锡砂

硫铁矿石

绿松石

黑电气石

白纹石

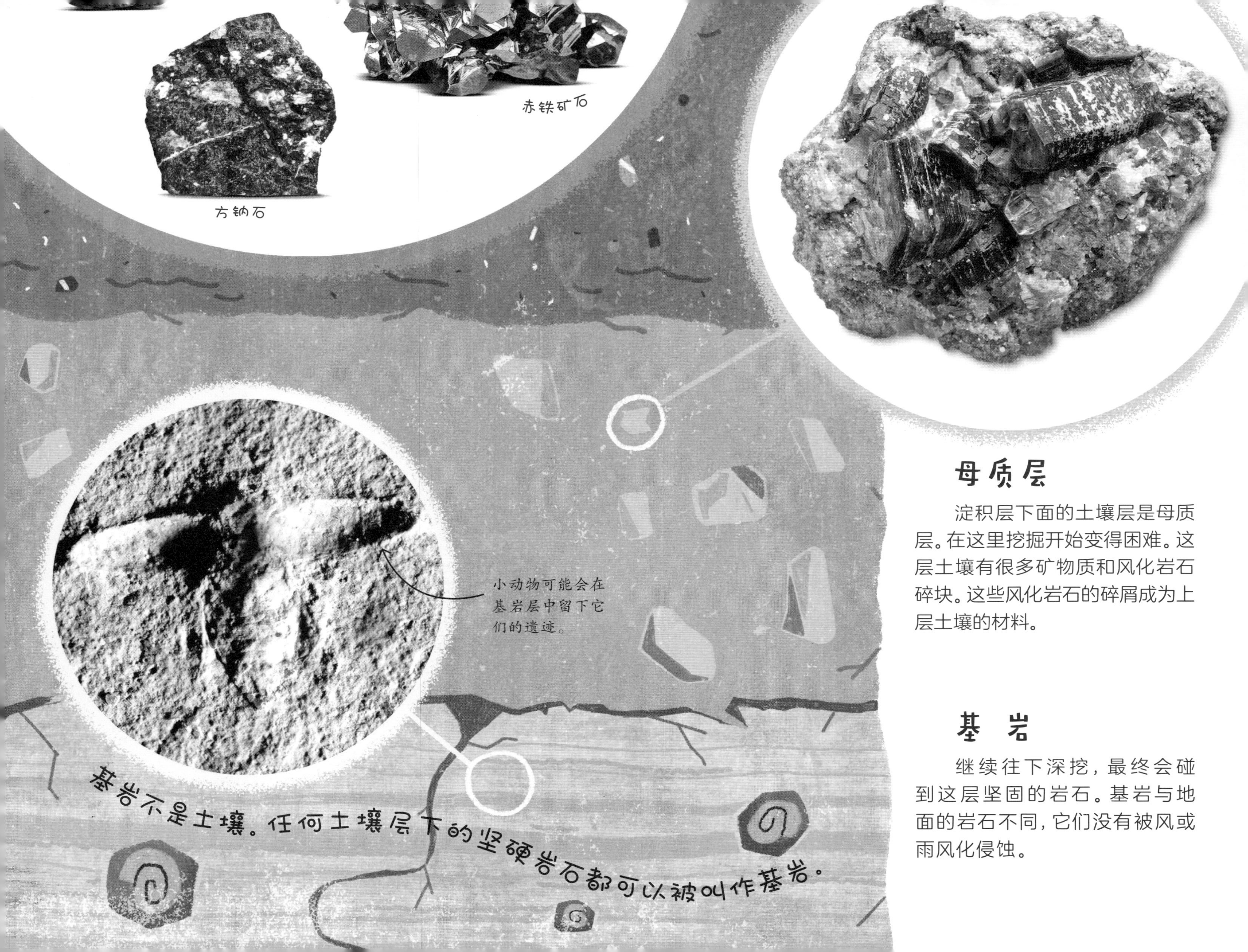

方钠石
赤铁矿石
小动物可能会在基岩层中留下它们的遗迹。
基岩不是土壤。任何土壤层下的坚硬岩石都可以被叫作基岩。

母质层

淀积层下面的土壤层是母质层。在这里挖掘开始变得困难。这层土壤有很多矿物质和风化岩石碎块。这些风化岩石的碎屑成为上层土壤的材料。

基 岩

继续往下深挖，最终会碰到这层坚固的岩石。基岩与地面的岩石不同，它们没有被风或雨风化侵蚀。

土壤之城

地球上大约三分之一的动物生活在土壤中，它们中的大多数以土壤中的其他动物为食，有些动物的粪便具有可供植物吸收的营养成分。科学家经常按体型大小将土壤中的动物分类。

蛞蝓

菌丝是真菌吸收土壤养分的丝状部分。

植物的根

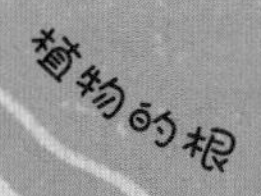

真菌和植物

真菌释放酶这种化学物质，将死亡的植物分解为营养物质，真菌和植物都可以以这些营养物质为食物。

跳虫跳跃的高度可达一支竖起来的铅笔的高度。

蚯蚓

这种蠕动的动物以死亡的植物为食，它们的粪便中含有大量可供土壤中各种生物吸收的营养物质。

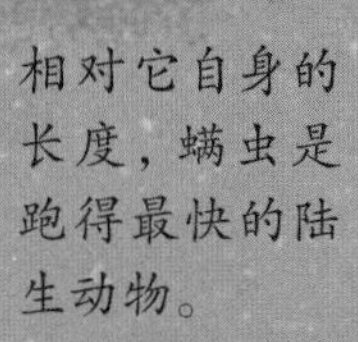

相对它自身的长度，螨虫是跑得最快的陆生动物。

鼹鼠挖洞捕捉毫无防备的蚯蚓。

鼹鼠

你可能永远不会看见贪食蚯蚓的鼹鼠，因为它们一生中大部分时间都在地下度过。如果你看见一堆堆新挖出来的土，那么下面很可能就有鼹鼠。

小动物

如果你蹲在地上仔细观察，你就可能会发现一些小动物，例如爬行的蚂蚁、匆忙的蜈蚣和滑行的蛞蝓。

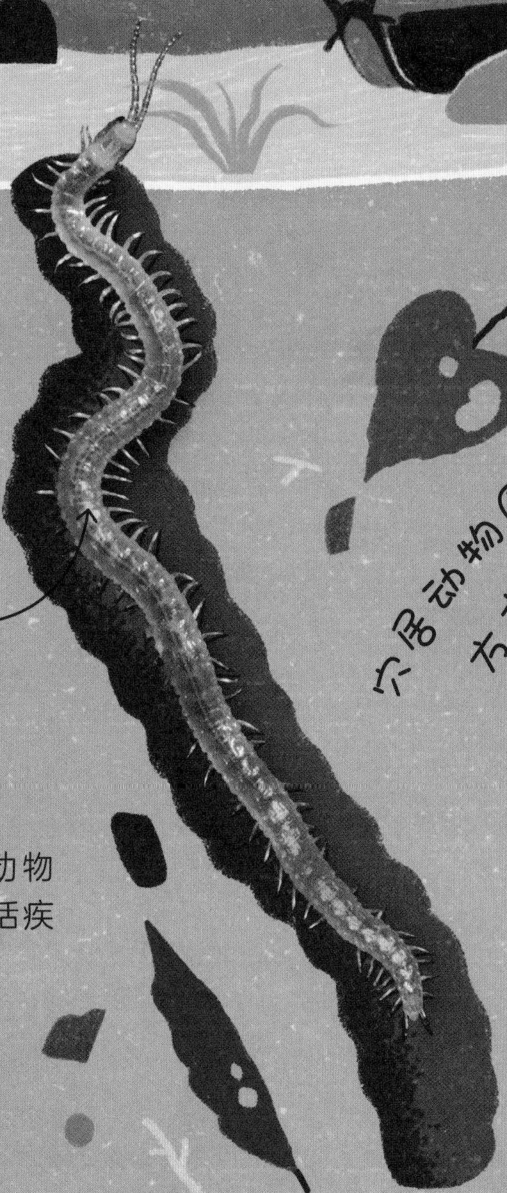

蜈蚣扑向昆虫和蛞蝓，用带有毒腺的利爪分泌毒液来捕食它们。

穴居动物用钻洞或挖掘的方式在土壤中穿行。

中型土壤动物

有数以万计微小的土壤动物被称为中型土壤动物，其中包括疾跑的螨虫和跳跃的跳虫。

微生物是蚯蚓饮食的重要部分。

微生物

最小的土壤居民是微生物，我们需要用显微镜才能看见它们。一铲土壤中有数十亿个微生物。土壤中的微生物几乎都是细菌或真菌。

马陆又称千足虫，但是大多数马陆的腿的数量少于100条。

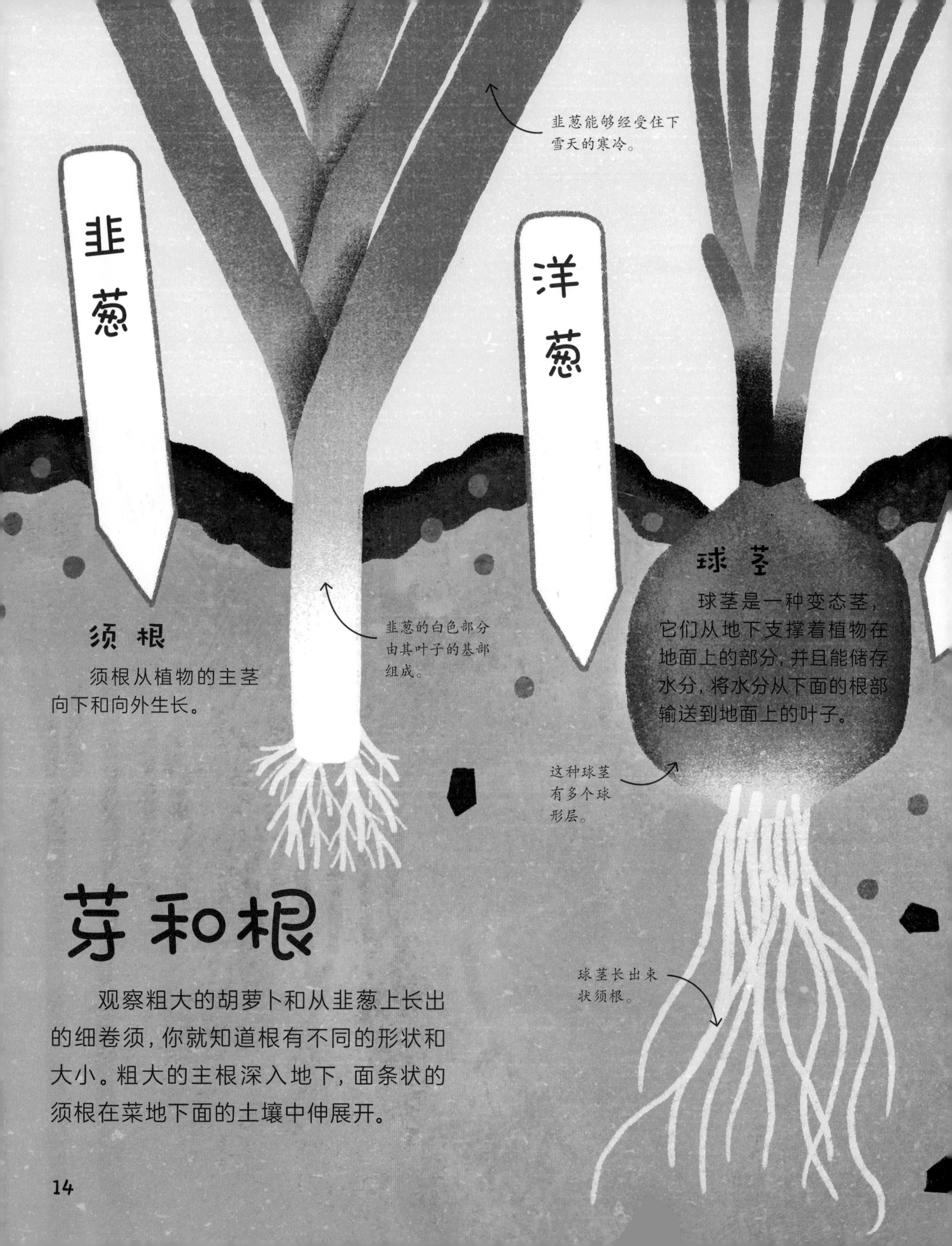

韭葱能够经受住下
雪天的寒冷。
韭
葱
洋
葱
球 茎
球茎是一种变态茎，它们从地下支撑着植物在地面上的部分，并且能储存水分，将水分从下面的根部输送到地面上的叶子。
须 根
须根从植物的主茎向下和向外生长。
韭葱的白色部分
由其叶子的基部
组成。
这种球茎
有多个球
形层。
球茎长出束
状须根。

芽和根

观察粗大的胡萝卜和从韭葱上长出的细卷须，你就知道根有不同的形状和大小。粗大的主根深入地下，面条状的须根在菜地下面的土壤中伸展开。

甜菜根
胡萝卜
叶子在地面的上方生长。
甜菜根的球形部分是它的茎。
有的根是锥形的。
胡萝卜的主根中储存着糖分，为胡萝卜的生长提供能量。
颜色鲜艳的甜菜根需要大约120天的生长时间。
主根上长出很多侧向生长的根。
主根深深地扎入地下。

主根

胡萝卜和其他植物的主根比细长的须根粗大，它们从植物正中向下生长，扎入土壤中寻找水源。

种植食物

我们吃的水果、蔬菜、豆类和谷物都需要在土壤中栽培，因此农民非常认真地照料庄稼地的土壤。

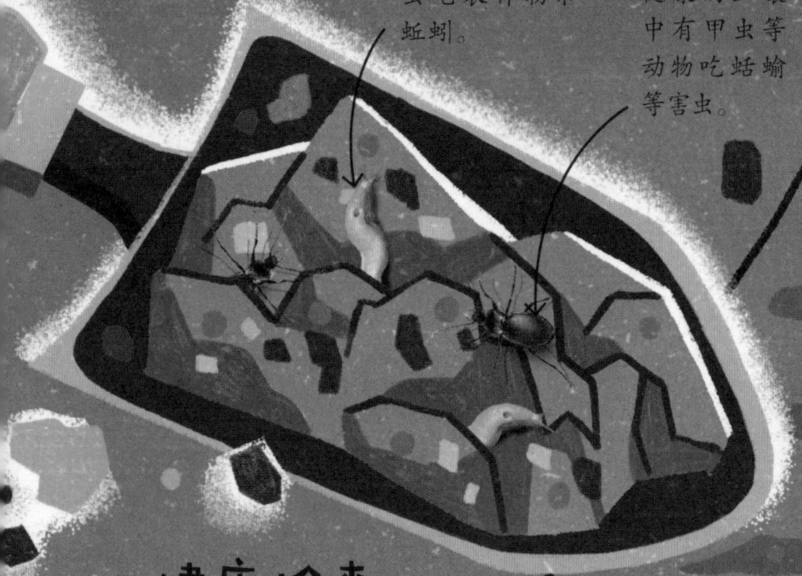

蛞蝓和其他害虫吃农作物和蚯蚓。

健康的土壤中有甲虫等动物吃蛞蝓等害虫。

健康检查

好土壤是松散的，并且有很多蚯蚓。农民通过在地里挖洞来检查他们的土壤是否适合种植庄稼。

播种

种子应该被播种在适当的深度。太浅了，鸟类会把它们吃掉。太深了，幼苗长不出来！

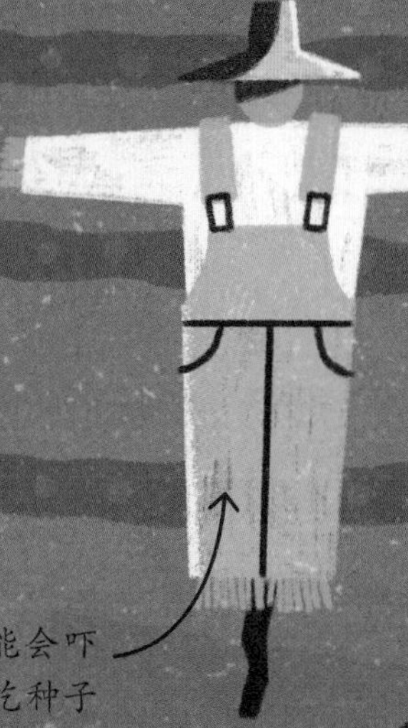

稻草人可能会吓跑那些想吃种子的鸟类。

玉米可以被磨成玉米粉，用来制作墨西哥玉米薄饼。

中国是世界上最大的小麦生产国。

英国的小麦计量单位是蒲式耳（约100万粒）。

在小麦收获之后，农民可能会种植饲料作物。
全麦面粉是用整粒小麦磨成的，而白面粉是只取小麦粒的一部分磨成的。
人类大约在1万年前首次种植了小麦。

从田地到餐桌

庄稼被收割后，就被送去加工。小麦粒被磨成面粉，用于制作面包、面条和其他食物。

小麦

冬小麦在秋季播种，在来年春季快速成长，在夏季成熟收割。

轮作

农村的田地往往是五颜六色的拼图，这是因为农民每年在同一块田地上种植不同的作物，这样有助于保持土壤肥沃。

鸟类捕捉蚯蚓来喂养它们的雏鸟。

不同的蚯蚓生态类群生活在不同深度的土壤中。

蚯蚓的工作

蚯蚓在土壤中无声无息地工作，尤其是在春季和秋季，大多数土壤温暖潮湿的时候。蚯蚓有3种生态类群：表栖类、内栖类和深栖类。

枯叶分解者

红色的表栖类蚯蚓通常可以长到火柴棍的长度，它们以土壤表面的枯叶为食，它们的排泄物可以改良土壤。

野生动物的食物

蚯蚓是鸟类和狐狸等野生动物的重要食物。狐狸每分钟可以捕捉多达10条多汁的蚯蚓。

表栖类蚯蚓生活在土壤表面。

休眠的蚯蚓

当土壤对于蚯蚓来说变得太干的时候，蚯蚓就会钻小洞穴，在里面相互蜷缩成紧密的一团，进入休眠状态，以避免失去水分。这种状态可能会持续数天或数月，直到土壤条件改善为止。

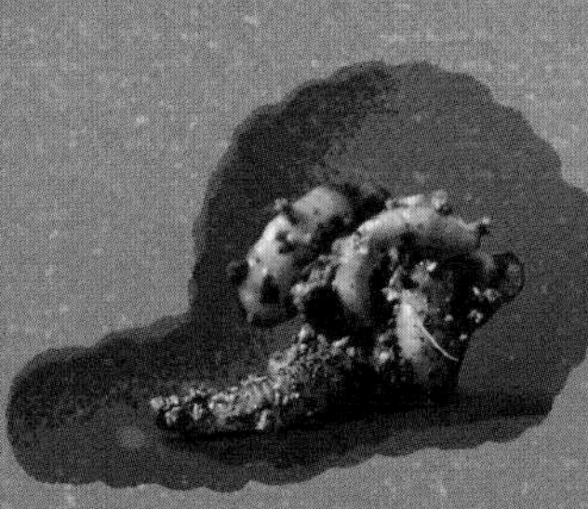
洞穴里衬着黏液，帮助蚯蚓度过夏天。

植物的厨师

浅色的内栖类蚯蚓吃土壤，然后将经过消化的土壤作为粪便排泄出来，而植物吸收这种蚯蚓粪中的养分。内栖类蚯蚓的长度可以达到表栖类蚯蚓的3倍以上。

深处的蚯蚓

深栖类蚯蚓大约有普通的圆珠笔那么长，它们很善于钻洞，可以钻出垂直的洞。

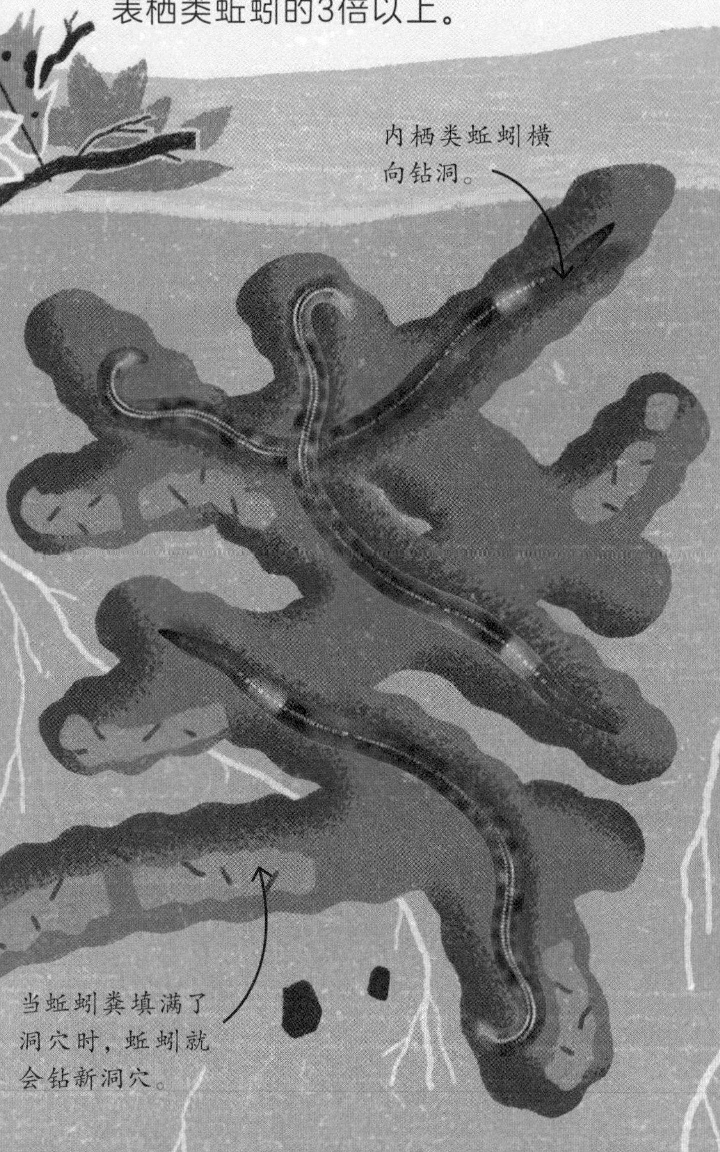

内栖类蚯蚓横向钻洞。
当蚯蚓粪填满了洞穴时，蚯蚓就会钻新洞穴。
蚯蚓粪给植物根部提供它们特别需要的营养。

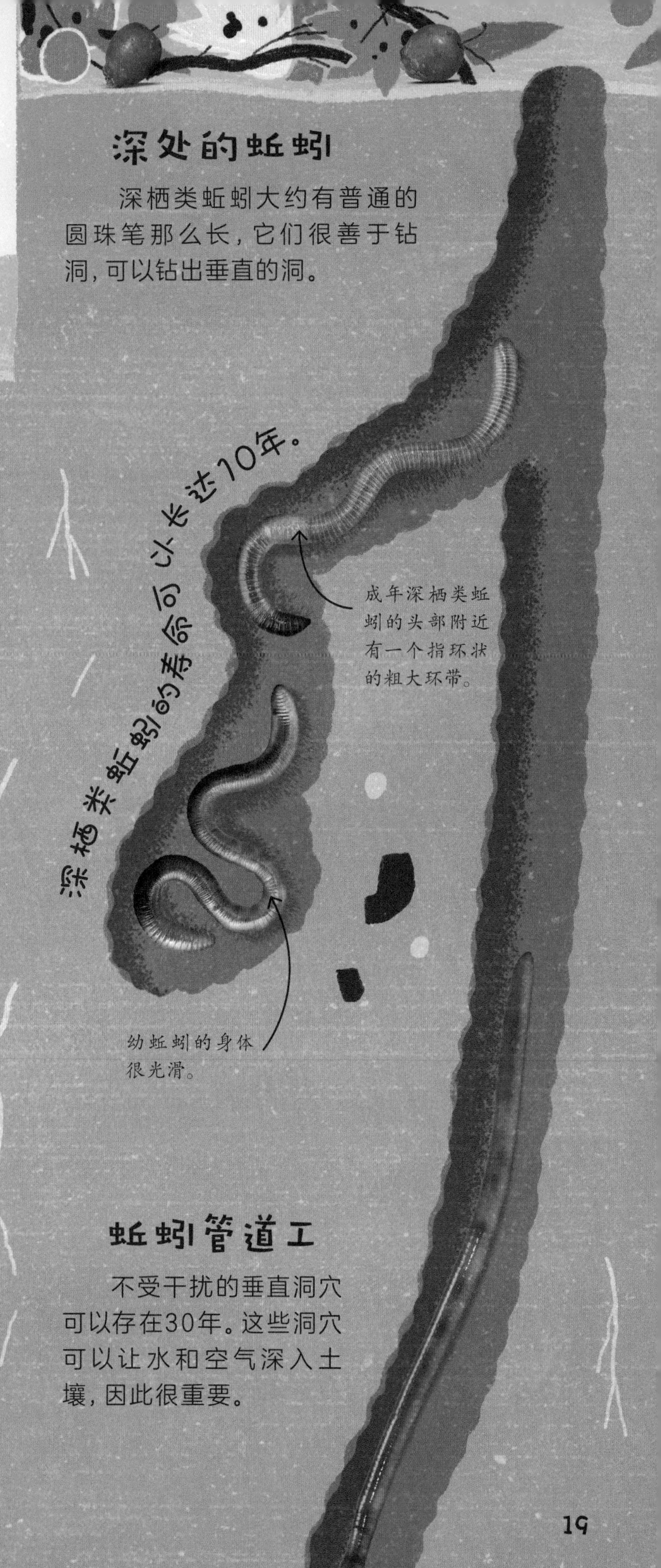

深栖类蚯蚓的寿命可以长达10年。
成年深栖类蚯蚓的头部附近有一个指环状的粗大环带。
幼蚯蚓的身体很光滑。

植物的养分

植物不能直接以其他植物为食，而是需要蚯蚓或微生物先将其他植物分解成营养丰富的物质。

蚯蚓管道工

不受干扰的垂直洞穴可以存在30年。这些洞穴可以让水和空气深入土壤，因此很重要。

腐烂分解

1 从树上掉落到地面

到了秋天，许多树木上的叶子会变成红色、橙色或黄色，这意味着很快它们就会脱落，掉到地面上。

季节性落叶的树被称为落叶树。

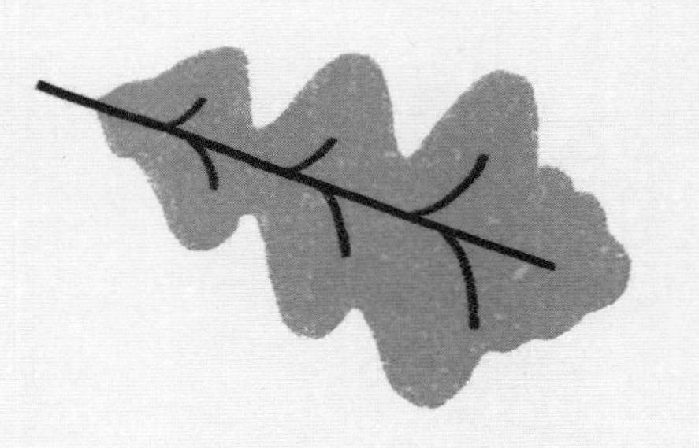

2 被撕碎

到了晚上，马陆和蚯蚓等土壤动物将枯叶撕成小块食用，这也使其他土壤动物更容易食用被撕碎的枯叶。

3 进入土壤

蚯蚓在土壤表面将叶子和叶子碎屑收集成一堆，然后一点一点地将它们拖进洞穴。

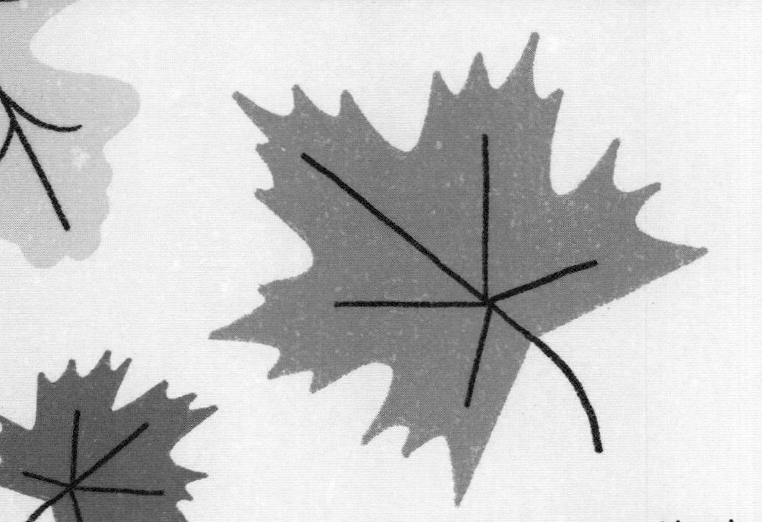

马陆吃植物性食物，例如枯叶。

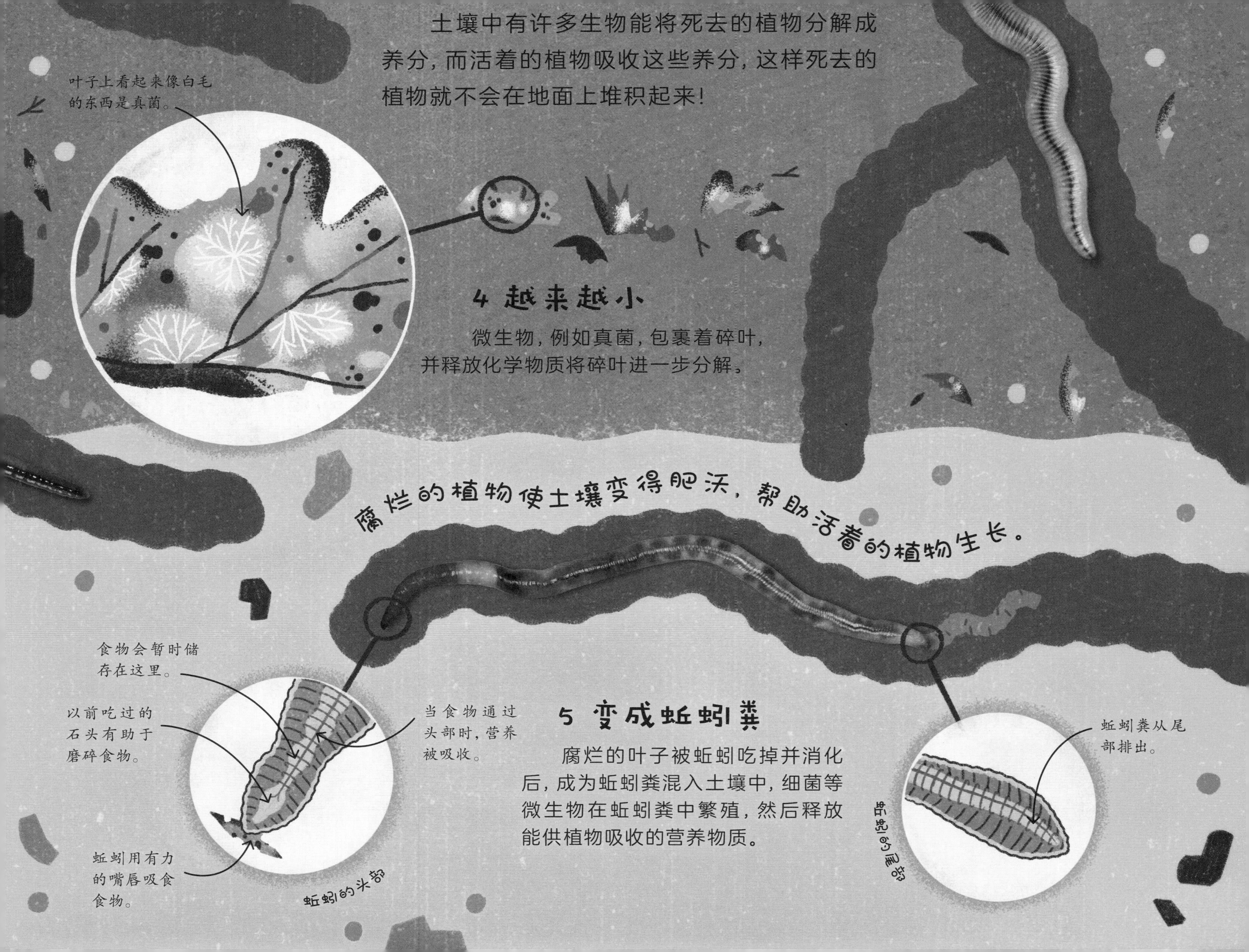

土壤中有许多生物能将死去的植物分解成养分，而活着的植物吸收这些养分，这样死去的植物就不会在地面上堆积起来！

叶子上看起来像白毛的东西是真菌。

4 越来越小

微生物，例如真菌，包裹着碎叶，并释放化学物质将碎叶进一步分解。

腐烂的植物使土壤变得肥沃，帮助活着的植物生长。
食物会暂时储存在这里。
以前吃过的石头有助于磨碎食物。
当食物通过头部时，营养被吸收。
蚯蚓用有力的嘴唇吸食食物。
蚯蚓的头部
蚯蚓粪从尾部排出。
蚯蚓的尾部

5 变成蚯蚓粪

腐烂的叶子被蚯蚓吃掉并消化后，成为蚯蚓粪混入土壤中，细菌等微生物在蚯蚓粪中繁殖，然后释放能供植物吸收的营养物质。

干燥的土壤

干燥的荒漠土壤中生长着可以在长期不下雨的环境中存活的植物。这些植物数量稀少，彼此相距甚远，但是它们具有惊人的吸水能力。

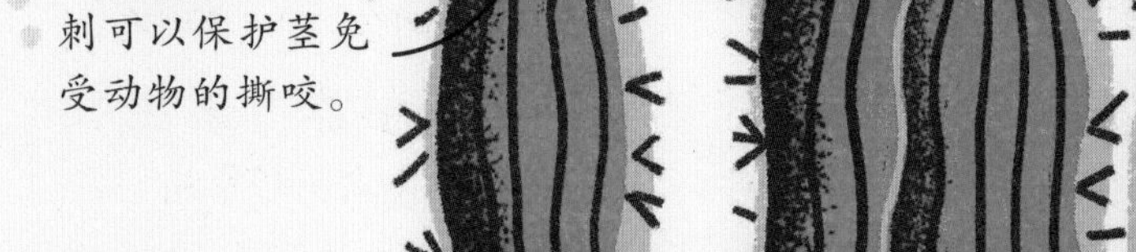

刺可以保护茎免受动物的撕咬。

粗大的茎可以储存很多水，供植物使用。

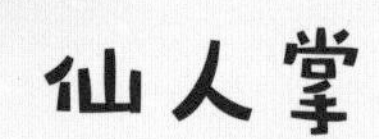

仙人掌

仙人掌有浅而宽的根系网络，有助于在下雨的时候大量吸水。

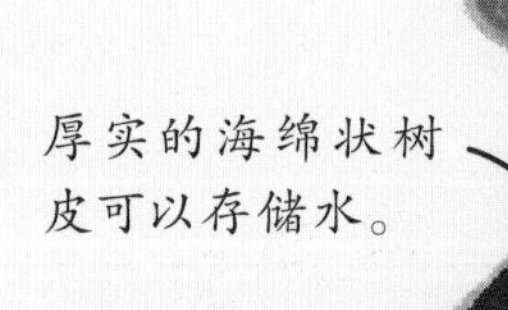

厚实的海绵状树皮可以存储水。

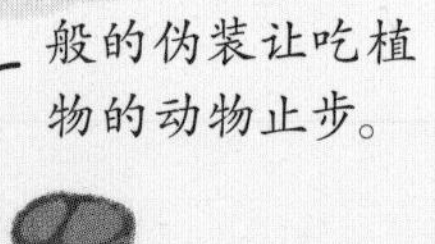

生石花像鹅卵石般的伪装让吃植物的动物止步。

根延伸得很远去找水。

有生命的“石头”

生石花可以从雾中吸收水分。在干旱期间，它们会收缩到地面之下，这样就可以节约所需要的水。

有些仙人掌可以在不下雨的情况下存活两年。

梭梭树

这种树的树根网络能固定大量干沙。多种植梭梭树可以防止土壤被风吹走。

潮湿的土壤

雨林是成千上万种植物的家园，但是雨林每年的降水量多达10米，雨冲走了养分，使那里的土壤又浅又贫瘠。聪明的雨林植物为生存而相互帮助！

雨林的降雨量是荒漠的10倍。

绞杀榕缠绕在树干上。

绞杀榕

这种植物的种子在潮湿、营养丰富的树枝上发芽，幼苗向下长到森林地面，最终在土壤中扎根。

动物吃绞杀榕的果实。绞杀榕的种子随着动物的粪便传播。

板根

由于养分靠近土壤表面，所以树扎根很浅。而高大的树木从树干上长出厚厚的板根，沿着地面逶迤延伸，以增加树木的稳定性。

根部的真菌帮助绞杀榕吸收养分。

美丽的泥炭沼泽

湿地是一种独特的生态系统，湿地中松软泥泞的泥炭沼泽里生长着一些独特而美丽的植物。泥炭沼泽的土壤可以使陷入其中的古老动物的尸体和植物长期不腐烂。

泥炭是如何形成的？

泥炭沼泽几乎没有氧气，而大多数微生物都需要氧气才能分解死去的动植物，而且大多数泥炭沼泽的酸性太强，使这些微生物无法生存。因此，死去的植物得不到分解，层层堆积，形成泥炭。

乱子草

蛙

人们在泥炭沼泽里发现了两千多年前的装满黄油的桶。

古代的物体

有些陷入泥炭沼泽的生物体历经数千年而不腐烂。人们竟然在泥炭沼泽里发现了古人的尸体，称之为沼泽木乃伊！

蜻蜓

沼泽欧石南

白尾鹞
泥炭中碳的含量与空气中碳的含量一样多。
白毛羊胡子草
泥炭藓
金鸻
泥炭需要数千年的时间才能形成。
以前，许多人将泥炭晾干，用作炉灶的燃料。
帝王伟蜓

全球气候变暖

二氧化碳气体是使地球变暖的气体之一。泥炭中储存了大量的碳，只要保护得当就不会释放出来产生二氧化碳，因此保护泥炭沼泽地有助于减缓全球气候变暖。

很多植物

泥炭沼泽是泥炭藓等稀有植物的栖息地。这些微小的植物长得非常紧密，看起来就像一张彩色地毯。

黑色土壤

泥炭主要由腐烂的植物构成，因此是黑色的，触感柔软，像海绵。

太阳和风雨

大雨可能会淋湿我们，也可能会冲走裸露的土壤。各种天气，例如大雨、灼热的阳光和呼啸的狂风，都有可能破坏土壤，因此土壤需要植物来保护它们免受恶劣天气的影响。

含有灰尘和沙子的旋转上升气流被称为尘魔。

晒干

如果裸露的土壤被太阳晒干，就有可能被风刮走，而植物能够将干燥的土壤保持在原地。

植物的叶子可以保护土壤，使它免于被雨水冲走。

植物的根系可以固定土壤。

溅落

雨滴可能会以很大的力量撞击地面，使土壤微粒松动，容易被冲走。

浑浊的洪水

过多雨水会导致洪水，没有被植物根系固定的丘陵地带的土壤处于被洪水冲走的危险之中。

2.5厘米厚的土壤需要500年才能形成。
雪可以保护草，使它们免受低温的伤害。

风化雨蚀，顺流而去

被风雨带走的土壤进入河流，并且被冲入大海。几千年形成的土壤就这样永远消失了。

寒冷的冬季

在冬季，大部分农田处于不耕作状态。低温可以杀死作物病菌和害虫，还会将裸露的土壤冻结，以免被风吹走。

夜行性动物

夜行性动物白天都在睡觉，而到了晚上它们就会醒来，在月光下四处奔波，寻找食物。夜间的地面上充满了活力。

有些动物可以在黑暗中视物。

偷偷摸摸的觅食者

一些小动物经常在夜间寻找浆果等食物。它们在黑暗中比较不容易被捕食性动物看到，所以比较安全。

老鼠寻找坚果和水果，以此为食。

蚁狮幼虫挖坑诱捕蚂蚁为食。

地面猎食动物

这些动物白天在潮湿黑暗的地方休息，例如岩石下面，而在夜间出来捕食觅食的动物。

巨型蜈蚣是致命的昆虫猎手。

甲虫捕食多汁的毛毛虫和蛴螬。

飞行猎手

许多夜行性鸟类是猎手，它们俯冲下来捕捉地面上的猎物。例如这只澳洲裸鼻鸱就在捕捉日落后出没的蟋蟀和蚂蚁。

唱歌的昆虫

高亢的啁啾声可以充满整个夜空。蟋蟀等昆虫通过摩擦身体部位来发出声音，通常是为了吸引雌性。

红牛头犬蚁的觅食时间是从黄昏后到黎明前。

夜间开花

有些仙人掌只在夜间开花。这些花吸引会飞的夜行性动物将其花粉带到其他花上，帮助它们授粉，以结出种子。

真菌王国

森林里的一朵蘑菇，不管是有毒蘑菇还是可食用蘑菇，只是一株真菌露出地面的一小部分！有些种类的真菌是微小的微生物，而有些种类是土壤中的巨大生物。如果没有真菌，许多植物就无法生长。

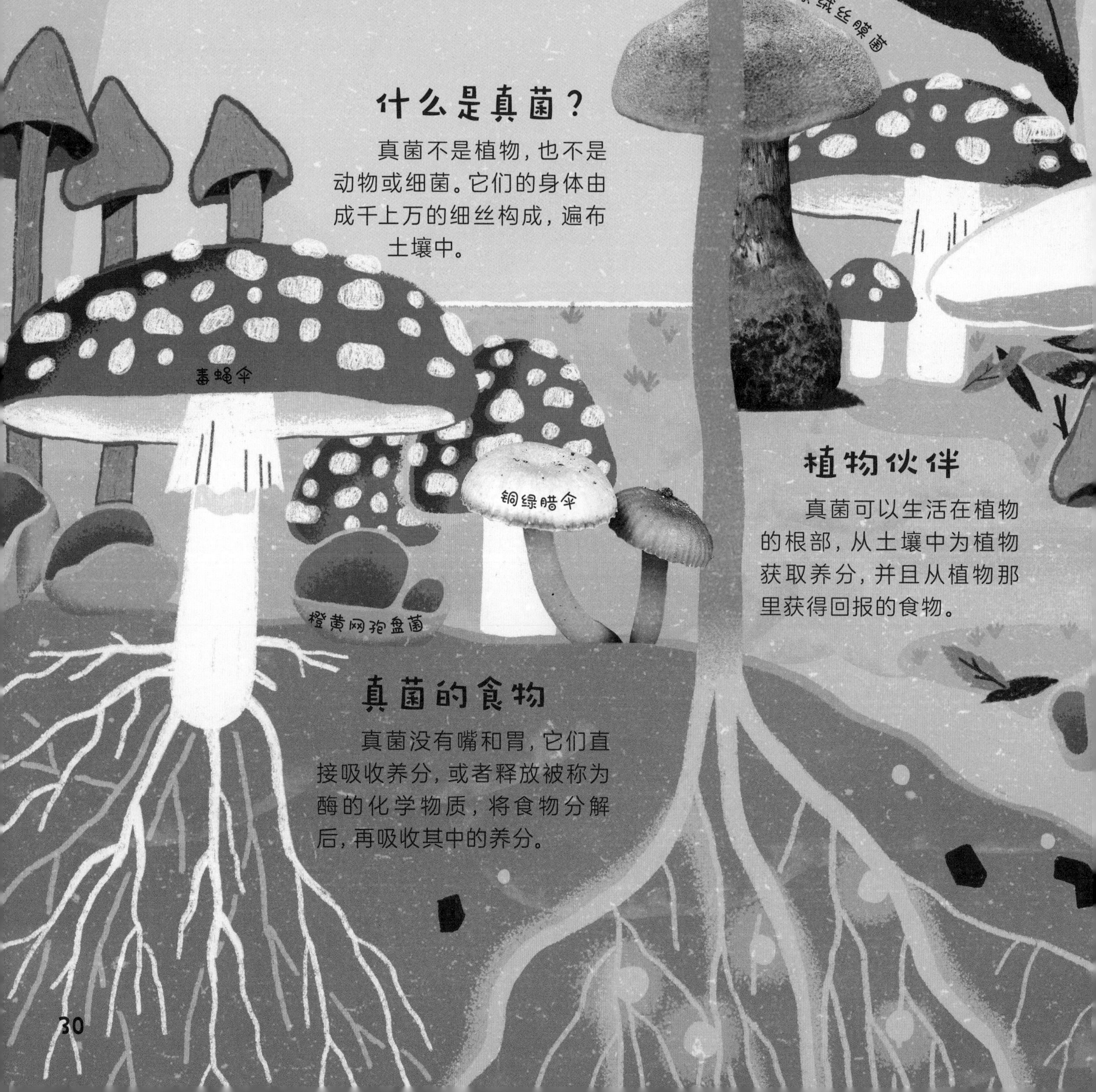

紫绒丝膜菌

什么是真菌？

真菌不是植物，也不是动物或细菌。它们的身体由成千上万的细丝构成，遍布土壤中。

毒蝇伞

铜绿腊伞

橙黄网孢盘菌

植物伙伴

真菌可以生活在植物的根部，从土壤中为植物获取养分，并且从植物那里获得回报的食物。

真菌的食物

真菌没有嘴和胃，它们直接吸收养分，或者释放被称为酶的化学物质，将食物分解后，再吸收其中的养分。

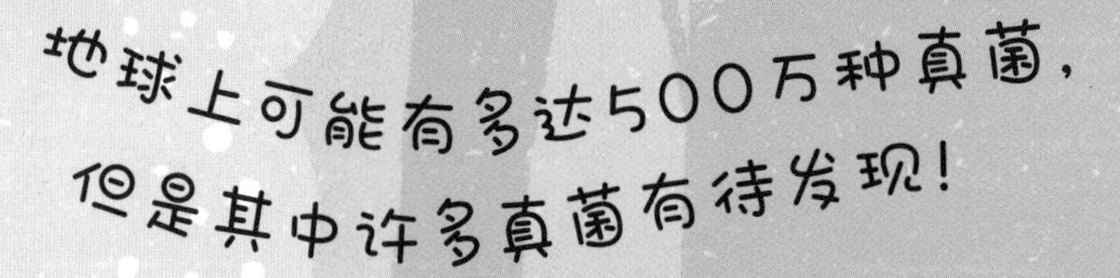

地球上可能有多达500万种真菌，
但是其中许多真菌有待发现！

孢子就像微小的种子。

霍氏粉褶菌

霍氏粉褶菌的毛利语名称是werewere-kokako，这是因为它的颜色类似于北岛垂耳鸦（kokako）颔下垂肉的蓝色。

平菇

有些蘑菇是可食用的，但很多蘑菇是有毒的！

四孢蘑菇

野生金针菇

神奇的蘑菇

蘑菇是真菌长在土壤上面的部分。蘑菇释放孢子，而孢子被风带走，在其他地方长成新的蘑菇。

灰树花

真菌没有叶、根和茎。

地星喷出一团烟雾状孢子云。

巨大的真菌

地球上最大的生物是一株真菌，这株真菌的菌丝在美国俄勒冈州的整片森林的地下蔓延了8.8平方千米。

赤子爱胜蚓
赤子爱胜蚓的身体有条纹。它们没有牙齿，但是有强有力的唇部肌肉，可以把食物吸进嘴里。
赤子爱胜蚓吃树叶、水果和蔬菜的碎屑。

你可以在花园的堆肥箱中找到赤子爱胜蚓。

混 合

蚯蚓混合不同的土壤层，将有机（活的或曾经活过的）物质散入土壤中，并且释放营养物质供土壤中的动物食用。

奇妙的蠕虫

除非你用心观察，否则蠕虫可能一生都隐藏在你的视线之外。打开堆肥箱的盖子就可以找到有条纹的赤子爱胜蚓，在地上挖一个洞就可以看到身上有粉红色、绿色甚至黄尾的蚯蚓。在海滩上，你可以观察到由穴居的沙蠋排泄的一圈圈沙子粪便。

普通蚯蚓在完全成长时可能有铅笔那么长。

沙蠋

沙蠋生活在沙滩上，它们在钻洞时吃沙子，排出的粪便形成一圈圈的沙堆。如果你数一下沙堆的数目，就可以猜到有多少条沙蠋。

沙蠋的粪便看起来像一堆沙子。

沙蠋吞食沙子，钻U形洞穴。

蚯蚓可以在一天内吃掉与它的体重相同的食物。

蚯蚓

蚯蚓的身体是黏糊糊的，上面覆盖着许多细小的刚毛，有助于它们在土壤中钻洞和蠕动。

蚯蚓在土壤中钻洞穴。

蚯蚓的寿命大约是2—10年。

奇异的鼹鼠

在你的脚下，可能有一只鼹鼠正在黑暗的地下洞穴网络中徘徊。鼹鼠大部分时间都在挖掘和等待虫子猎物从泥土天花板上掉下来。

星鼻鼹鼠

这种鼹鼠的嘴部周围的触手可以探测到附近猎物的振动信号，它们是地球上吃东西最快的哺乳动物！

美洲鼹鼠

这种鼹鼠生活
北美，它们像大多
鼹鼠一样用铲子般
手来挖掘土壤。

美洲鼹鼠几乎是失明的，它们在地底下不需要视觉。

鼹鼠丘

鼹鼠挖洞时将挖出来的土壤在地面上堆成一堆，被称为鼹鼠丘。

长尾鼬吃鼹鼠，可以侵入鼹鼠的洞穴。

如果一只鼹鼠搬出去，它的洞穴可能会被其他鼹鼠占据。随着时间的推移，一个洞穴可能多次换主人！

洞穴捕食

鼹鼠洞穴是蠕虫的致命陷阱。当钻洞的蠕虫从上面的土壤中掉下来时，会产生振动，鼹鼠就会快速扑向蠕虫。

鼹鼠幼崽在出生后的大约两个星期内是无毛的。

鼹鼠独自生活，并且排斥入侵者。

穴室

这个穴室内衬着柔软的干树叶和草，鼹鼠在这里分娩并保护鼹鼠幼崽的安全。

蠕虫储藏室

鼹鼠唾液中的毒素可以麻痹蠕虫，使蠕虫还活着，但是不能动。“储藏室”被用来存放数百条瘫痪的蠕虫。

大多数鼹鼠比你的脚还小！

挖掘能手

你有没有见过地面上的一个动物突然消失得无影无踪？这可能是因为它钻进了隧道和空间网络的入口，这个网络被称为洞穴。

郊狼饥肠辘辘地等待囊鼠出现。
脸部有条纹的獾会吃兔子。
囊鼠在挖掘时将土壤推到地面，在地面留下长长的土丘。

兔

穴兔在黄昏和黎明时分在地面上吃植物。如果捕食性动物惊动了它们，它们就会潜入形成网络的地下兔穴。

囊鼠

平原囊鼠用它们的爪子和大牙齿挖洞，它们的洞穴中有深巢和食物储藏室。它们跳出洞穴，吃地面上的植物。

土豚可能会挖临时的洞穴来躲避狮子。

土 豚

在炎热的日子里，非洲的土豚生活在凉爽的地下洞穴里。它们在夜间捕食白蚁，用长长的舌头舔食昆虫。

土豚摧毁白蚁丘来捕食白蚁。

花栗鼠在山猫逮住它们之前就迅速潜入洞穴。

大多数捕食性动物的身体都太大，无法进入花栗鼠的洞穴。

花栗鼠

花栗鼠洞穴的入口处没有土堆，这是因为它们会将挖出来的泥土装入它们的脸颊，运到别的地方丢弃。它们的洞穴有许多入口，还有储藏坚果和种子的粮仓。

鼠妇体内的代谢产物可以从多孔的外壳以气体排泄，而不是以尿液排泄。
鼠妇喜欢啃腐烂的木头和树叶。
鼠妇
鼠妇也被称为潮虫、湿生虫、西瓜虫。它们是甲壳类动物。水生有壳动物也是甲壳类动物。
鼠妇有时候团成一个球以保护自己免受捕食性动物的侵害。
昆虫
昆虫有6条腿，它们的身体有3个部分。许多昆虫生活在地下，例如大黄蜂在冬天睡在土壤里。
北美洲有一种蝉，它们被孵出后在地下度过17年，然后才破土而出，因此被称为十七年蝉。
蜘蛛
蜘蛛有8条灵活的腿。有的蜘蛛只有针尖大小，而有的蜘蛛比人的手还大！蜘蛛吐丝结黏网，以捕捉昆虫等猎物。
当猎物碰到蜘蛛的网时，网就会振动，因此蜘蛛可以感知猎物的位置。
蛞蝓

无脊椎动物

无脊椎动物占地球上所有动物总数的95%。地面上有很多无脊椎动物在爬行。

天鹅绒虫向猎物射出黏液，这些黏液在空气中会变成固态丝，缠住猎物，不让它们逃跑。

软体动物

软体动物用一只又大又黏的脚四处走动。大多数软体动物都有壳。蜗牛也住在壳里，它们缩在壳里来躲避捕食性动物。

天鹅绒虫

这种爬行动物得名于它们柔软的身体。它们看起来像蠕虫，但是有很多条腿。

觅食的工蚁为蚁群寻找叶子。
蚁巢中的通道就像人类城市中的道路。
负责挖掘的工蚁挖掘洞穴，并且将泥土搬走。

蚂蚁王国

想象一下你变得很小，正在地下跟随蚂蚁一起行动。你会发现自己置身于很多相互连接的洞穴中，里面挤满了成百上千甚至数百万只蚂蚁。这里就是蚁巢。

切叶蚁

切叶蚁收集叶子来喂养真菌，将真菌培育成它们的食物。蚁群中的每只蚂蚁都有独立的分工，共同维持整个蚁群的生存。

通常，所有的卵都是由蚁群中的蚁后产下的。

超级蚁群

多个蚁群有可能联合起来形成超级蚁群。最大的一个欧洲超级蚁群的巢穴绵延5955千米。

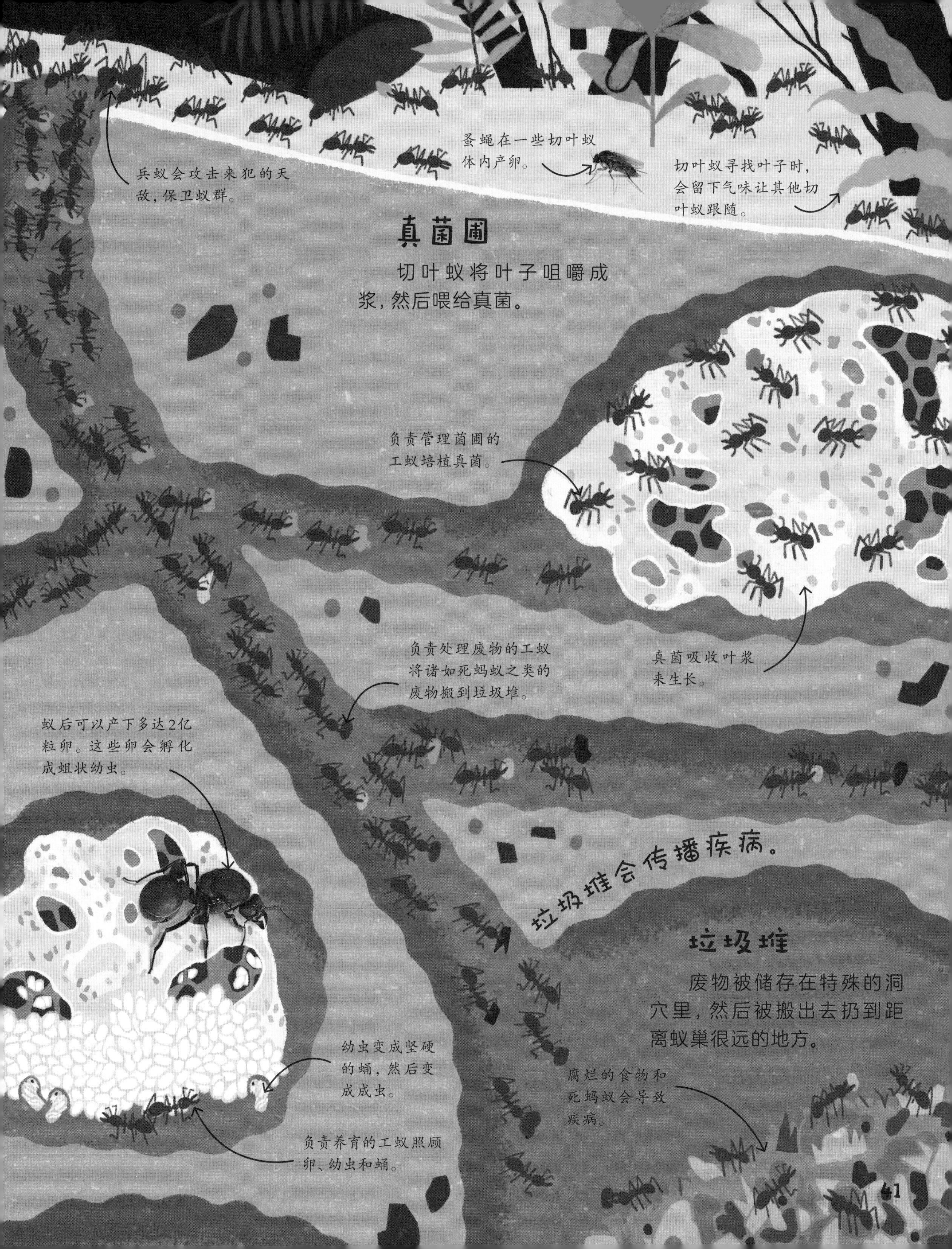

兵蚁会攻击来犯的天敌，保卫蚁群。
蚤蝇在一些切叶蚁体内产卵。
切叶蚁寻找叶子时，会留下气味让其他切叶蚁跟随。
负责管理菌圃的工蚁培植真菌。
真菌吸收叶浆来生长。
负责处理废物的工蚁将诸如死蚂蚁之类的废物搬到垃圾堆。
蚁后可以产下多达2亿粒卵。这些卵会孵化成蛆状幼虫。
垃圾堆会传播疾病。
幼虫变成坚硬的蛹，然后变成成虫。
负责养育的工蚁照顾卵、幼虫和蛹。
腐烂的食物和死蚂蚁会导致疾病。

真菌圃

切叶蚁将叶子咀嚼成浆，然后喂给真菌。

垃圾堆

废物被储存在特殊的洞穴里，然后被搬出去扔到距离蚁巢很远的地方。

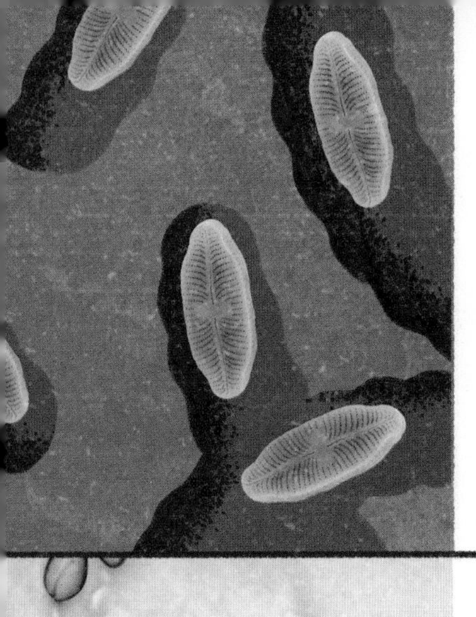

单细胞

生物是由被称为细胞的微小单元构成的。我们的身体就是由数万亿个细胞构成的！然而大多数微生物都是单细胞生物，也就是说，只由一个细胞构成。

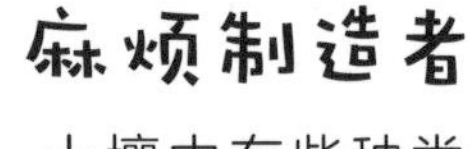

麻烦制造者

土壤中有些种类的微生物会使植物生病。当雨滴打在地面上飞溅起来时，就有可能将有害的微生物溅到植物叶子上，使它们感染。地面上的植物可以在雨滴落到地面之前挡住雨滴来阻止这种情况的发生。

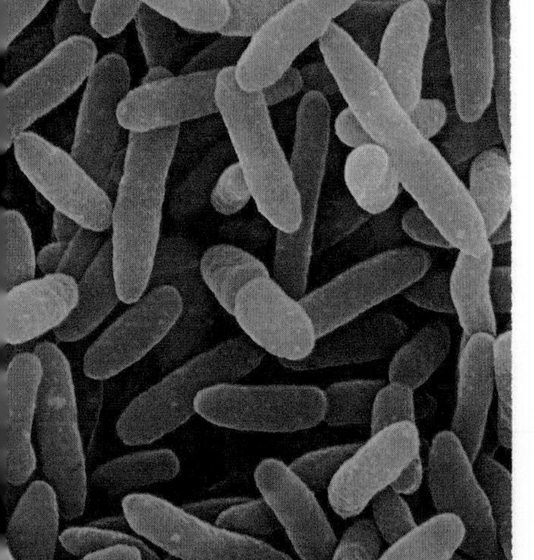

隐藏的英雄

有些种类的微生物对植物有益，它们通过释放一些被称为抗生素的化学物质来保护植物的根部。这些化学物质会杀死有可能伤害植物的微生物，并且提高植物抵抗疾病的能力。其中有些微生物会在黑暗中发光！

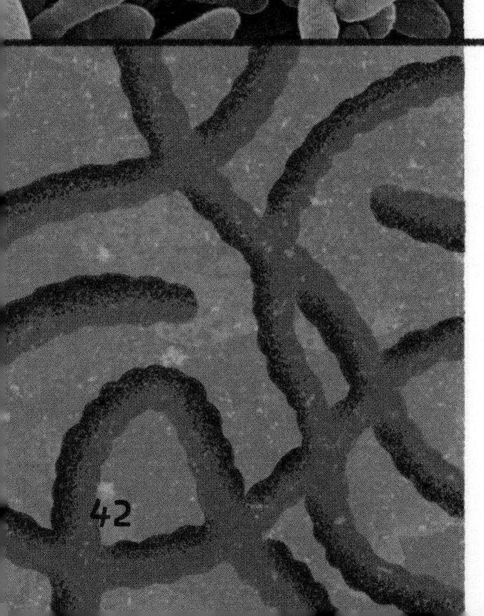

土壤孔隙

微生物有助于土壤保持良好的结构。微生物能够制造孔隙，并且产生一种特殊的胶来保持孔隙开放，使植物维持生命需要的水和空气能够进入这些孔隙。

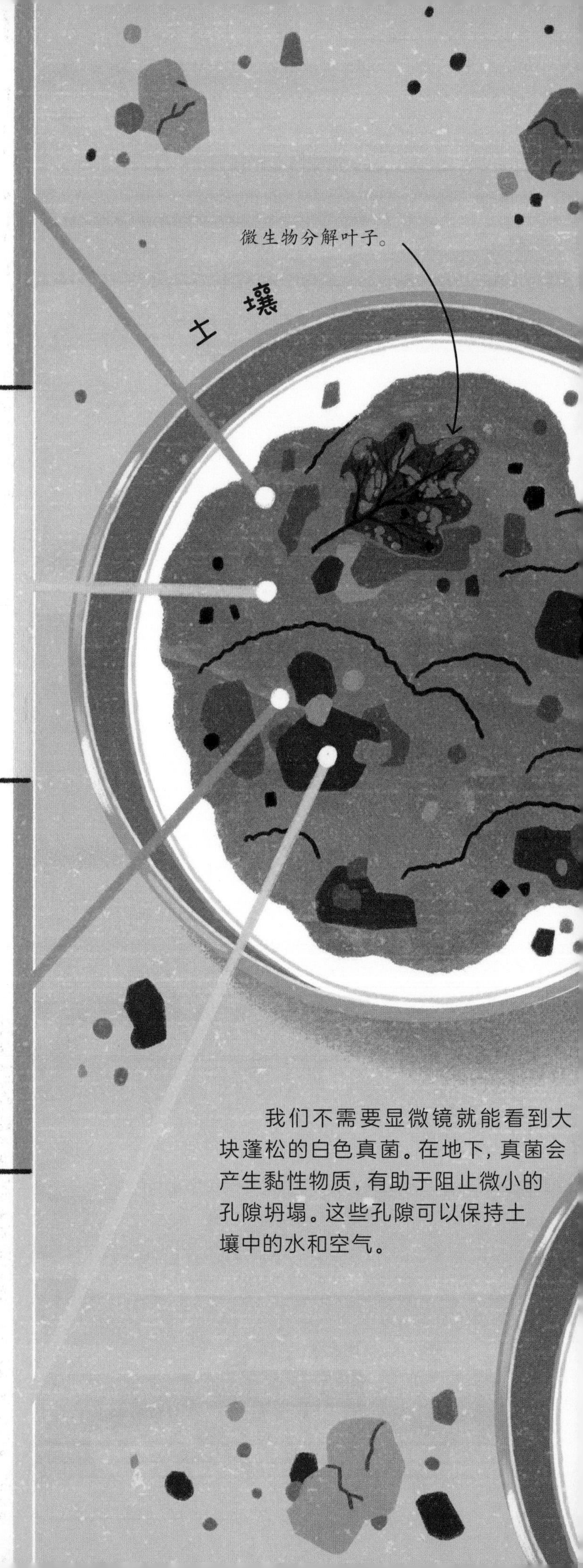

我们不需要显微镜就能看到大块蓬松的白色真菌。在地下，真菌会产生黏性物质，有助于阻止微小的孔隙坍塌。这些孔隙可以保持土壤中的水和空气。

微小的生物

一小块土壤中就可能含有数十亿个微小的生物，被称为微生物，通常只有在显微镜下才能被看见，因此科学家用显微镜来研究它们。

土壤中的无数微生物不仅仅待着不动，它们还做很多有益的工作。例如，有些微生物将营养物质转化为植物可以吸收的养分，使植物长得足够大，可以成为我们的食物！

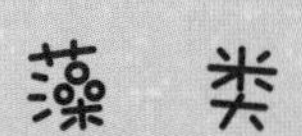

一茶匙土壤中包含的微生物比地球上的人还多。

真 菌

我们在土壤的表面也可以看到大量微生物，例如蓝色和绿色的黏液。这些可能是藻类或细菌，也可能是两者的混合。

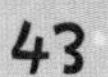

行动中的微生物

如果没有微生物，世界将会大不相同。微生物可以分解死亡的动物和植物，也可以制造氧气供我们呼吸。这里只展示了它们的一小部分功能。

植物医生

有些真菌，例如桔绿木霉，生活在植物里，并且为植物制造抗生素（一种药物）来对抗疾病。

空气制造者

人类需要呼吸氧气，而有些细菌会产生这种非常重要的气体。如果没有细菌，空气中就不会有这么高的氧气含量！

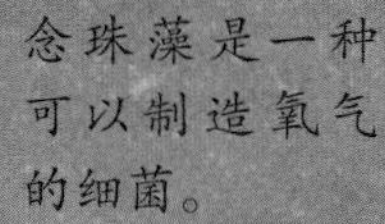

致病因素

致病疫霉是会引起马铃薯和番茄生枯萎病的微生物，在历史上造成过很多次粮食短缺。

一片叶子可能被许多
种类的微生物食用。

微生物分解
死去的动物
和植物。

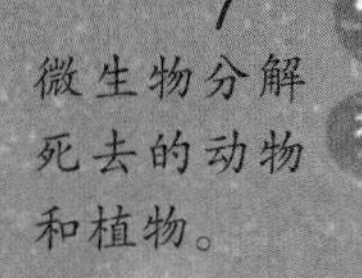

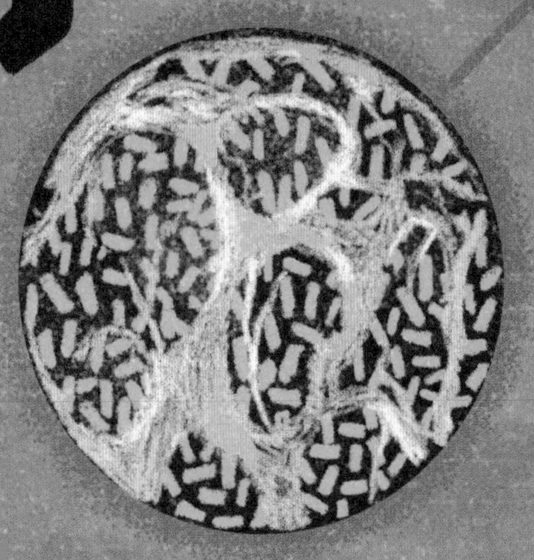

生态战士

甲烷是一种导致全球气候变暖的温室气体。而甲烷氧化细菌从空气中吸收甲烷，因为它们需要甲烷才能生存。

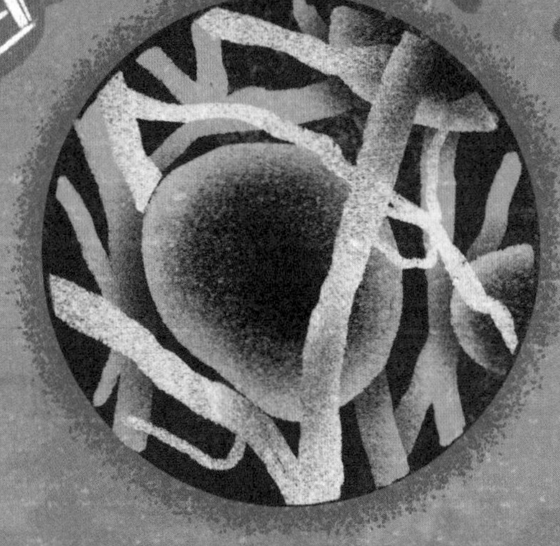

食物制造者

如果没有根瘤菌等细菌，有些植物就很难生存。这些微生物吸收空气中的氮气来给植物制造养分。

分解者

被孢霉等真菌将死去的植物和动物分解成新成分，其他生物可能会食用其中的养分。

闪闪发亮的石头

我们挖土的时候可能会挖到石头。如果我们用手指捻土壤，就会感到土壤的颗粒质地。岩石和矿物质经过数千年的时间变成了土壤中的微小颗粒。

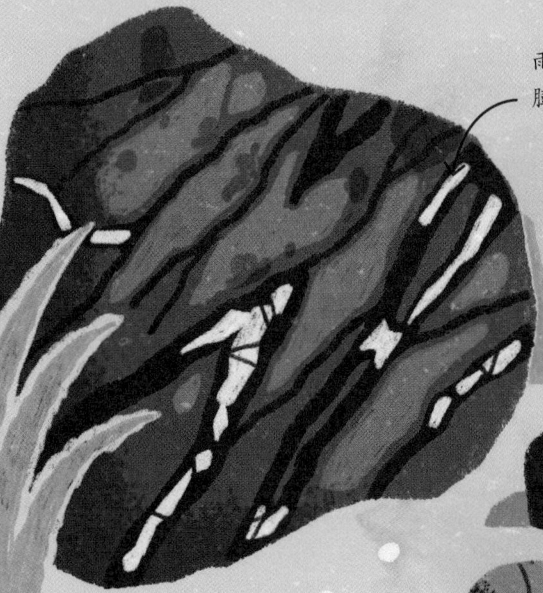

雨水渗入裂缝中，在结冰时膨胀，使岩石碎裂。

从石头变成细砾

岩石被雨水和冰侵蚀，慢慢变成小颗粒。这个过程叫作风化。这些颗粒最终变得非常小，成为土壤的一部分。

寻找宝石

宝石比土壤重，因此人们可以通过淘洗或用水冲刷来从土壤中找到宝石。

石头从形成它们的地方被河水冲走。

固体宝藏

岩石和矿物质都被称为石头。矿物质是单一的化学物质，而岩石是一种或多种矿物质组成的聚集体。岩石以不同的方式形成，有些岩石是由火山喷出的熔岩冷却后形成的！

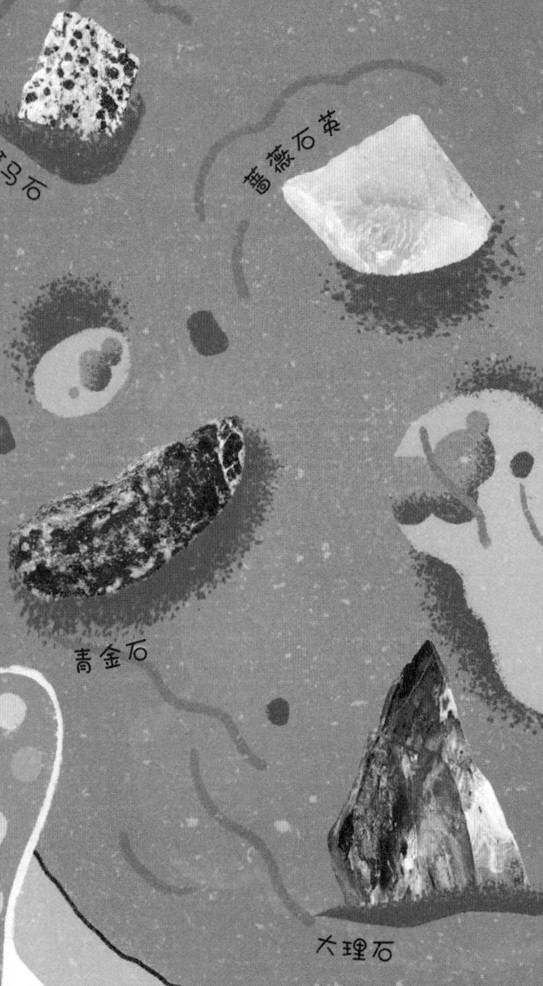

澳洲斑马石

蔷薇石英

青金石

大理石

黏土微粒看起来像微小的平片。
粗沙
黏土
粗沙微粒看起来像非常小的岩石碎块。
淤泥
石榴石
沙岩
对植物最好的土壤是没有太多的沙子和黏土的土壤。
植物和动物都可能会变成化石。
像卡片一样薄薄的一层土壤大约需要8年才能形成。

估计大小

土壤微粒有各种尺寸。如果将黏土微粒想象成一枚大硬币，那么它旁边的淤泥微粒就像网球那么大，而粗沙微粒就像热气球那么大！

植物的食物

土壤由沙粒、淤泥和黏土微粒组成，它们的含量会影响土壤的肥沃程度、含水量和保水性。

化石是数百万年前生物在岩石中的遗迹（例如脚印）或遗体。

世界各地的土壤

一个国家可能会有数千种土壤，适合每种土壤的植物各有不同，有看起来像长着腿的高大行走棕榈树，也有矮胖的多肉植物。

仅美国就有7万多种土壤。

湿地土壤

湿地中的泥炭土不仅是一些独特植物的家园，还储存着比任何其他土壤中都多的碳。如果这些碳以气体的形式被释放到空气中，就会加剧温室效应，从而加速全球气候变暖。

雨林土壤

雨林位于降水量充足的温暖地区，雨林土壤几乎没有养分，但依然有非常多种植物在那里生长。

世界上90%的食物是植物性的。

这种草的根深入地下以寻找水源。

抗旱草本植物是沙漠动物的重要食物。

高粱

小麦

玉米

大豆

大豆被用于制作豆腐等食物。

农田土壤

世界各地都使用富含养分的土壤来种植小麦等重要农作物。中国是世界上最大的粮食生产国。

旱地土壤

降水量少的地区有干燥的土壤。这里的植物有长根和粗壮的肉质茎，用以保持水分。根对于固定土壤很重要。

南极洲的大部分冰冻土地上没有植物生长。

世界上有一半的热带雨林在20世纪被砍伐殆尽。

过度放牧

荒漠化的主要原因是过度放牧。过多地放牧和践踏植物会导致土壤裸露，然后可能会被风吹走或被雨冲走。

砍伐森林

人们为了得到燃料、制造物品的原料和耕作而清理土地、砍伐树木。如果在没有种植新树木的情况下砍伐过多树木，就会留下裸露的、没有树根固定的土壤。

木头被用来造纸。

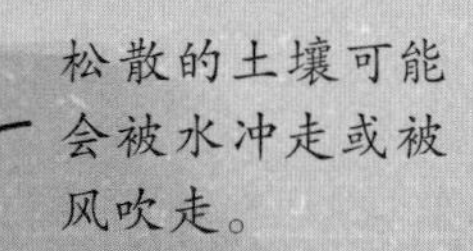

松散的土壤可能会被水冲走或被风吹走。

只有少数几种植物可以在荒漠化的土地上生长。

从土壤到沙地

人类的行为正在导致健康的土壤失去养分，变成松散干燥的沙地，这个过程被称为荒漠化。这对我们和环境来说都是坏消息。

旱地的植物很少，但是许多动物需要以植物为食。

过度耕作

过度种植农作物会吸取土壤中太多的养分和水分，使土壤变得贫瘠，之后再种植的农作物就无法很好地生长。

沙漠周围的地区最容易变得荒漠化。

干旱期间不下雨，会影响植物生长。

全球气候变暖

一个更热的星球可能会以多种方式导致荒漠化。例如，有些作物在炎热的天气中生长不佳。降水量减少也会导致干燥的土壤被风吹走。

荒漠化的土壤太松，使植物无法很好地固定它们的根。

世界上有100多个国家正面临荒漠化风险。

种植穴

荒漠化土地

很少有植物能在沙子里生长。荒漠化土地中的碳含量也比肥沃的土壤中少。

解决问题

人们正在寻找利用荒漠化土地的方法。在有些地区，人们挖被称为种植穴的坑，用来种植植物。种植穴可以聚集水，里面也可以装营养丰富的动物粪便和土壤。

月　尘

月亮是银灰色的，没有像地球上那样有被绿色植物覆盖的区域，没有液态水，也没有大气层来阻挡有害辐射并提供植物生存所需要的气体。然而月球上的尘埃类似于地球的土壤。

月　尘

月球上没有生物可以在它的尘埃中创造出微小的孔隙。而在地球上，水、养分和气体可以进入土壤的孔隙供植物吸收。

月球上的尘埃主要是微小的玻璃碎片。

陨石坑是在大型流星撞击月球时形成的。

月球岩石是由熔岩在月球表面冷却而形成的。

真正的土壤

土壤需要生物，才能最终形成有机组合结构。而对于月尘，即使我们给它加水，也只能形成糊状物。

月球不断地受到
流星的撞击。
流星的撞击导致一些月
球岩石碎片飞入太空。
宇航员钻地，采集
样本。
宇航员品尝了月尘的味道！

撞击形成

月球上的尘埃主要是由流星的碾磨和爆炸形成的。流星的撞击将岩石表面变成碎片。

研究月尘

在20世纪60年代和20世纪70年代的阿波罗任务中，宇航员登上了月球，采集了月尘带回地球进行研究。

月尘中的植物

月尘含有地球土壤中的许多营养物质。科学家甚至能够在模拟月尘的土壤中种植植物，发现植物能够在这种土壤中生长长达50天。

番 茄
田芥菜
小 麦
家独行菜

植物能在火星上生长吗？

人类可能有一天会在火星上种植植物，那里的土壤中含有植物所需要的养分，也含有可以去除的毒素。然而火星没有液态水，因此人类需要生产水来浇灌植物，还需要保护植物免受有害环境的影响。

土壤

火星土壤与月尘非常相似，两者都没有生物来创造使土壤适合植物生长的微小孔隙。

火星漫游车向下钻探，探查土壤中是否有微生物。

火星岩石

很久以前，火星表面下过雨。水在岩石表面的裂缝中冻结膨胀，使岩石破裂，形成微小的碎屑。这些碎屑仍然是现在的土壤的一部分。

火星大气中的二氧化碳含量是95%。二氧化碳是植物生长需要的气体。

大气层

行星周围的气体层被称为大气层。火星的大气层很稀薄，无法过滤掉来自太阳的有害辐射，例如破坏性很大的太阳风（太阳射出的粒子流）。

火星上的水

火星上大部分的水被太阳加热、成为气体，然后飘荡到太空中，但是极地冰盖仍然存在。

冰盖非常寒冷，在那里，二氧化碳气体冻结成固态并且掉落回火星表面。

探查火星

2020年，欧洲航天局计划向火星发射探测器，任务是寻找有可能被埋在土壤中的生命，但是由于一些原因延期了。

宇航园丁

为了在火星上种植植物，需要一个特殊的温室来保护植物免受极端温度的影响，并且防止植物在压力非常低的空气中爆炸。

科学家已经开始在模拟火星土壤中种植植物。

宇航员将会在火星上种菜。
需要一个特殊温室，来增加气压。

做一名土壤科学家

微生物的大餐

你将需要：手铲、卡片、铁锹、笔、胶带、棍子和纯棉旧袜子。

健康的土壤是很多动物的家园，包括蚯蚓和微生物。如果你有花园，你可以在土壤里埋一只棉袜，看看是否能吸引饥饿的动物前来就餐。一定要用纯棉的袜子！

1.挖一个直径为20厘米的坑，将挖出来的土放在一张纸上。

2.用手铲将袜子装满土。

3.将袜子放进坑里，用纸上的土埋住袜子。

蚯蚓旅馆

你将需要：一只容量为2升的一次性塑料瓶、剪刀、花园堆肥、土壤、沙子、

蚯蚓的一生都隐藏在人们的视线之外。你可以为它们建造一个旅馆，来了解它们在土壤中的工作。实验结束后，请将它们放回大自然的土壤，让它们继续做有益的工作。

1.请成年人帮你将塑料瓶的上部剪去。用剪刀时要小心。在塑料瓶里加10厘米厚的土壤，然后喷水。

2.按顺序添加0.5厘米厚的沙子、0.5厘米厚的堆肥和5厘米厚的土壤。每添加一层后都要喷水。用铅笔在最上层戳一些直径为1厘米大小的洞。

3.去花园或公园里挖5条蚯蚓，将它们放入蚯蚓旅馆。它们会向下钻洞。可以加一些叶子喂养它们。

怪怪的胡萝卜

你将需要：一块用于种植的土地、手铲、喷壶、耙子、胡萝卜种子、

农民在种植胡萝卜之前，通常先去除土壤中的石头和树枝，使胡萝卜可以不受阻挡地垂直向下生长。我们来看看如果不这样做会发生什么……

1.播种胡萝卜种子的时间应该在4月至7月之间。先用耙子松土，然后挖一条1厘米深的沟。

2.在沟里播撒胡萝卜种子，每2.5厘米的长度播撒大约10颗种子，然后盖上土。

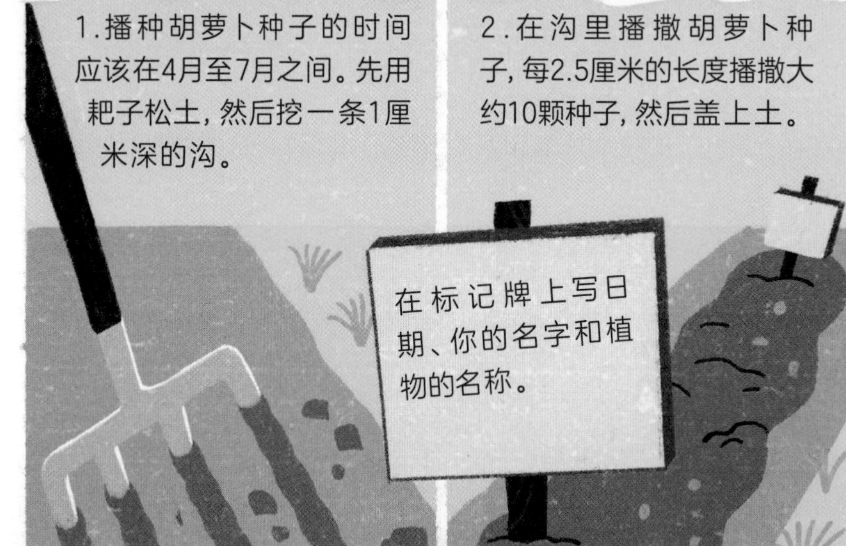

在标记牌上写日期、你的名字和植物的名称。

3.刚播种后要给胡萝卜浇几天水，并且用湿报纸将它们盖住大约一个星期。当然，如果下雨就可以不必浇水了。

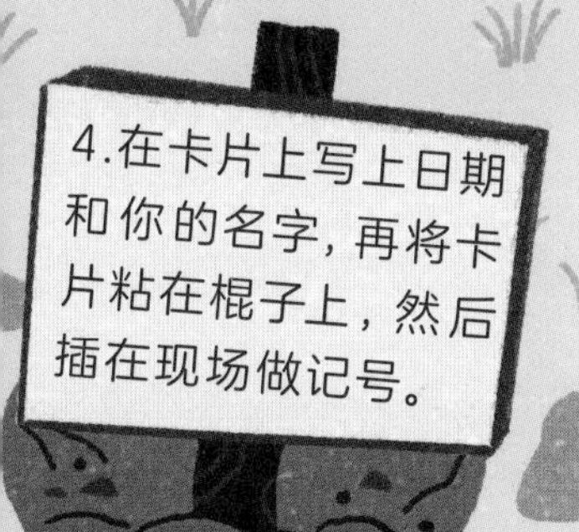

4.在卡片上写上日期和你的名字，再将卡片粘在棍子上，然后插在现场做记号。

5.8个星期后将袜子挖出来。如果袜子被咬出很多洞，那么就说明土壤里有很多动物，土壤就是健康的！

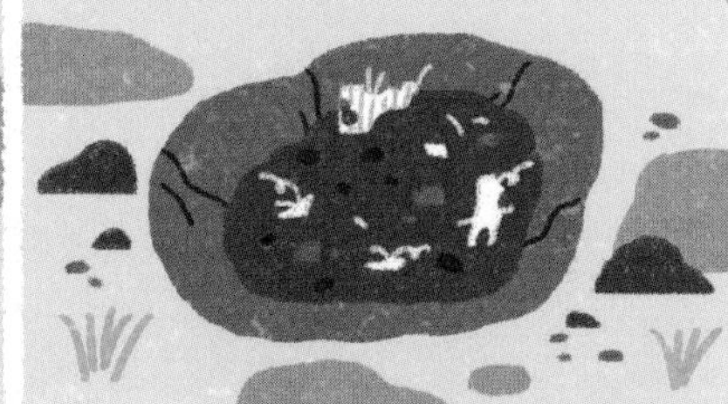

健康和安全

如果你的皮肤有割伤或擦伤，请在接触土壤之前用创可贴包扎好。接触土壤后，一定要洗手！

铅笔、喷雾瓶、纸板、树叶和胶带。

4.蚯蚓喜欢黑暗！用纸板包裹蚯蚓旅馆，以阻挡光。每天给蚯蚓旅馆喷水。

5.一个星期后，看看蚯蚓如何改变了土壤。你会发现很多洞穴，土壤的层次会开始消失，叶子可能已经被拖进土壤。

6.实验结束后，将蚯蚓放回花园或公园。

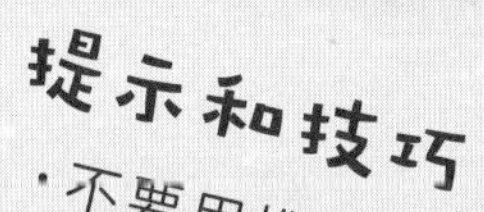

提示和技巧

·不要用堆肥中的蚯蚓，因为这些蚯蚓不能在土壤中生存。

·保持蚯蚓的生活环境黑暗、凉爽和潮湿。搬运蚯蚓时要将它们放在衬有湿纸巾的罐中。

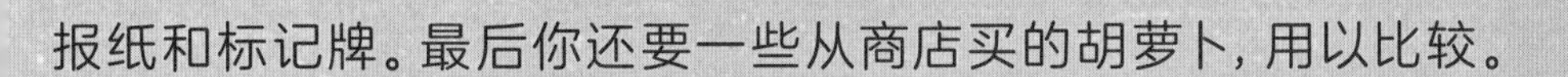

报纸和标记牌。最后你还要一些从商店买的胡萝卜，用以比较。

4.经常给胡萝卜浇一些水。

5.当胡萝卜秧苗长到大约10厘米高时进行间苗，拔掉较小的秧苗，将它们间成每6厘米一棵。

6.16—20个星期后，胡萝卜应该完全长成了！小心地将它们从地下拔出来。

7.将你的胡萝卜与商店购买的胡萝卜进行比较，看看它们有什么不同！

照顾土壤

为了让我们的周围有长着彩色斑点的昆虫和大量的植物，我们必须保护好土壤。我们可以从小事做起，有些小事也能够产生重大的影响。

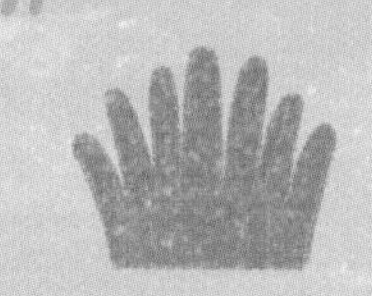

沿着路径走

植物根将周围的土壤固定，保护土壤不会被风雨侵蚀，也不会被行人踩坏。如果路径周围的植物被践踏和杀死，路径则可能会变得越来越宽，好土壤也会消失。我们在公园里行走时，一定要沿着路径走，不要踩踏植物。

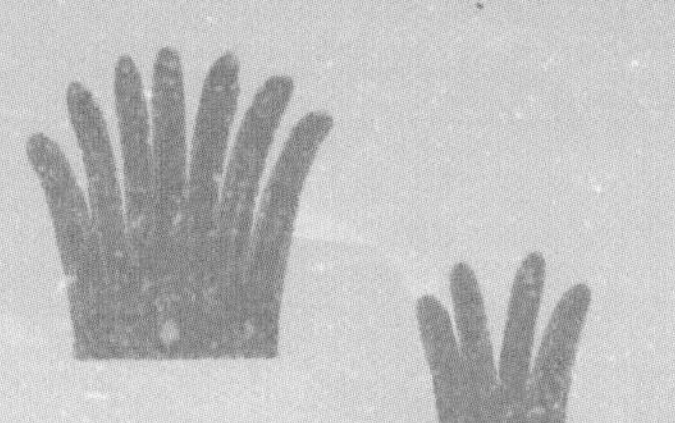

制作堆肥大约需要3—9个月的时间。

制作堆肥

水果和蔬菜类的垃圾可以被分解成松散的棕色堆肥，混合到土壤中帮助植物生长。如果你家有花园，你就可以自己制作堆肥。你也可以查看附近是否有专门的厨余垃圾箱。

野生动物以生长在不同种类的木材上的真菌为食。

制作小动物庇护所

在公园或花园里找一个阴凉的地方，再找尽可能多类型的原木和树枝，将它们堆成一个小动物庇护所，给甲虫、蜈蚣和蜘蛛提供绝佳的栖息之地。

不要干扰土壤

挖掘会干扰土壤里面的动物。如果你有花园，你可以选择一块未被使用的土地，放任它自然地发展！你可以在这里撒些原生野花种子，用自然环境来吸引蜜蜂和蝴蝶。请事先征求家长的许可。

词　汇

（以下词义仅限于本书的内容范围。）

bacteria
细　菌
一种微生物。

burrow
洞　穴
动物挖掘的地洞，通常用于寻找食物或用作庇护所。

carbon
碳
存在于所有生物体中的一种物质，也是组成二氧化碳气体的成分。

carbon dioxide
二氧化碳
一种气体。空气中含有二氧化碳。

cast
粪
蠕虫的粪便。

decomposition
生物分解
生物死后被活着的生物分解的现象。

deforestation
砍伐森林
人为地将森林地转成耕地、牧场、城市等用地的行为。

desertification
荒漠化
肥沃的土壤变成干燥松散的沙地的过程。

ecosystem
生态系统
单一地区的动植物群落。

fertile
肥沃的
适合植物生长的。

flower
花
植物的繁殖器官。

fungi
真　菌
不同于植物、动物和细菌的另一类生物。

gas
气 体
物质的一种状态，没有固定形状。

global warming
全球气候变暖
地球平均温度上升的现象。

insect
昆 虫
有6条腿、3节身体和两对翅的小动物。

invertebrate
无脊椎动物
没有脊椎骨的动物。

larva
幼 虫
刚孵出的昆虫。

leaf
叶 子
植物的一部分，会利用阳光的能量，将水分和空气中的二氧化碳，转化成植物的食物。

microbe
微生物
microorganism（微生物）的别称。

microorganism
微生物
通常只能用显微镜才能看到的微小生物。

mineral
矿 物
岩石中的天然物质。

network
网 络
一组连接在一起的东西，例如很多洞穴连在一起构成地下网络。

nutrient
养 分
生物生长所需要的物质或化合物。

organic
有机体的
活着或曾经活着的生物，并且含有碳。

organism
生 物
生命体，例如微生物、植物和动物。

particle
微 粒
微小的块状物质，例如沙粒。

pollutant
污染物
进入水或空气并使其不安全的物质。

predator
捕食性动物
捕食其他动物的动物。

prey
猎 物
被其他动物捕食的动物。

pupa
蛹
有些昆虫从幼虫变化到成虫的一种过渡形态。蛹很硬，不会动。

radiation
辐 射
一束带有能量的运动粒子，可能对人体有害。

root
根
植物的一部分，能吸收土壤中的养分和水分。

sediment
沉积物
沉积在水体（例如湖）底部的固体微粒。

spore
孢 子
真菌的主要繁殖器官。

stem
茎
植物的一部分，可以支撑花朵和叶子。

topsoil
表土层
土壤表层，含有大量有机物。

致谢

DK would like to thank: Katie Lawrence for editorial help; Katie Knutton, Ashok Kumar, Nimesh Agrawal, and Manpreet Kaur for design help; Polly Goodman for proofreading the book; Helen Peters for the index; and Cecilia Dahlsjö for her advice about ants. Many thanks to Rae Spencer-Jones and Simon Maughan at the RHS.

The publisher would like to thank the following for their kind permission to reproduce their photographs:

(Key: a-above; b-below/bottom; c-centre; f-far; l-left; r-right; t-top)

6 Dreamstime.com: Aleksandr Kichigin (cra). 7 Dreamstime.com: Aleksandr Kichigin (cla); Nikkytok (ca). 10 Dorling Kindersley: Holts Gems (fcr); Natural History Museum, London (crb). Dreamstime.com: Rene Alberto Mayorga Villarreal (tl); Monika Wisniewska (br). 10-11 Dorling Kindersley: Natural History Museum, London (b). 11 Alamy Stock Photo: blickwinkel / Koenig (br). 12 Alamy Stock Photo: JONATHAN PLANT (crb/Velvet Mite, crb/Mite); Helen White (crb). Dorling Kindersley: Stephen Oliver (clb). Dreamstime.com: Dohnal (br). 13 Alamy Stock Photo: Daniel Borzynski (c). Dorling Kindersley: Natural History Museum, London (br); Stephen Oliver (cra). Dreamstime.com: Arturs Biceks (tl); Ginasanders (tr). Science Photo Library: CAROLINA BIOLOGICAL SUPPLY CO, VISUALS UNLIMITED (bl); STEVE GSCHMEISSNER (bl/Azotobacter); MAREK MIS (fbl). 15 Alamy Stock Photo: PetStockBoys / The Art Of Animals.co.uk (tr). 16 Alamy Stock Photo: Premaphotos (cla); Valentyn Volkov (br). Dreamstime.com: Sarah2 (cla/Beetle). 17 123RF.com: artono9 (crb/Croissant). Dreamstime.com: Illia Bondar (cr); Anna Kucherova (crb). 18 Alamy Stock Photo: Andrew Darrington (clb); Enrique Garcia Navarro (tl); Nature Photographers Ltd / Paul R. Sterry (bc); mynewturtle (cr/earthworms). Dreamstime.com: Andrei Shupilo (crb, cr). 19 Alamy Stock Photo: Nature Photographers Ltd / Paul R. Sterry (cl). Dreamstime.com: Vasyl Helevachuk (cra); Somyot Pattana (br); Valentina Razumova (crb). 20 Alamy Stock Photo: Danita Delimont (br, cr). 21 Alamy Stock Photo: Nature Photographers Ltd / Paul R. Sterry (cr). Dreamstime.com: Somyot Pattana (bc). 22 123RF.com: wrangel (clb). Alamy Stock Photo: blickwinkel / Hartl (ca). 23 Alamy Stock Photo: Goran Šafarek (cb). 24 Dreamstime.com: Iulian Gherghel (cb). Getty Images: 500Px Plus / Stefan Holm (br, crb). 25 Alamy Stock Photo: Mike Lane (cb). Dreamstime.com: Peter Schwarz (tl); Jaqui Taylor (clb). 28 123RF.com: Tim Hester (bl). Alamy Stock Photo: Denis Crawford (bc); Custom Life Science Images (clb, cb). 29 123RF.com: Kevin Wells (clb). FLPA: Minden Pictures / Martin Willis (ca). 30 Alamy Stock Photo: fishHook Photography (cb). Dreamstime.com: Jolanta Dabrowska (cra). 31 Alamy Stock Photo: blickwinkel / LWG / McPHOTO (cla). Science Photo Library: JEFF LEPORE (bl). 32 Alamy Stock Photo: Nigel Cattlin (cla, tr). 33 Alamy Stock Photo: dpa picture alliance (ca); Maximilian Weinzierl (clb). 34 Alamy Stock Photo: blickwinkel / fotototo (tl); Jim Corwin (bc). 35 Alamy Stock Photo: Les Stocker (cb); Robert Shantz (tc). Dreamstime.com: Melinda Fawver (crb). 36 Alamy Stock Photo: All Canada Photos / Wayne Lynch (crb). Dreamstime.com: Coramueller (clb); Jim Cumming (cra). 37 Dreamstime.com: Charles Brutlag (crb); Isselee (cla); Geoffrey Kuchera (c); Rico Leffanta (bl). iStockphoto.com: BrianLasenby (br). 38 © Copyright Steve Reader, Geografpix Photography. Plus: (bl). Dreamstime.com: Belinda Wu (crb). Getty Images: age fotostock / Antonio López Román (ca). 39 Alamy Stock Photo: blickwinkel / Hecker (br); fishHook Photography (clb). 41 Alamy Stock Photo: Nigel Cattlin (tc). Dreamstime.com: Bornin54 (clb). 42 Science Photo Library: DENNIS KUNKEL MICROSCOPY (tl, clb); UK CROWN COPYRIGHT COURTESY OF FERA (cla). 46 Dreamstime.com: Nastya81 (crb). 47 Dorling Kindersley: Holts Gems (cla); Natural History Museum, London (cla/Crystal, clb); The Science Museum, London (c). 48 Alamy Stock Photo: imageBROKER / Reinhard Hölzl (ca); Panther Media GmbH / Willy64331 (cb). Dreamstime.com: Miroslav Hlavko (cla); Simona Pavan (cr). 48-49 Dreamstime.com: Yurasova (ca). 49 Alamy Stock Photo: age fotostock / Werner Bollmann (cla); Jolanta Dąbrowska (ca). 50 Alamy Stock Photo: Francisco de Casa (br). 52 Alamy Stock Photo: Kaliantye (bl); Science History Images / Photo Researchers (cra). 54 NASA: JPL-Caltech / MSSS (cl). 54-55 ESA: (cb). 55 Dreamstime.com: Planetfelicity (cra). 58 Dreamstime.com: Fabrizio Troiani (cb). 59 Dorling Kindersley: Thomas Marent (br). Dreamstime.com: Samuel Areny (cra)

图书在版编目（CIP）数据

脚下隐藏的世界 / (英) 杰基·斯特劳德
(Jackie Stroud) ，(英) 马克·雷德米尔-戈登
(Marc Redmile-Gordon) 著 ；唐文嘉绘 ；宁建译. --
杭州 ：浙江教育出版社，2023.3
(DK窥探大自然)
ISBN 978-7-5722-5466-6

Ⅰ. ①脚… Ⅱ. ①杰… ②马… ③唐… ④宁… Ⅲ.
①土壤生物学-青少年读物 Ⅳ. ①S154-49

中国国家版本馆CIP数据核字(2023)第028698号

引进版图书合同登记号 浙江省版权局图字：11—2022—289